Siegfried Kett

Erhellung und Beschleunigung

Schrenk-Verlag
2016

Reihe ***Buchfranken*** - Bücher aus Franken
Herausgegeben von Dr. Hermann Glaser und Dr. Johann Schrenk

Bd. 3 Siegfried Kett, Erhellung und Beschleunigung

Bd. 1 Godehard Schramm, Drei ganz Besondere
Bd. 2 Günter Höhne (Hrsg.), Des Flusses und der Liebe Wellen
Bd. 4 Winston Kelley, Amerikanische Dichter & Denker in Franken
Bd. 5 Hermann Glaser, Zwischen Furchenglück und Sphärenflug

Siegfried Kett

Erhellung und Beschleunigung

Vom Glasrohr zum Dynamo und Telefon

Nürnbergs Rolle in der Elektrogeschichte

Buchfranken
Bücher aus Franken
im Schrenk-Verlag

Impressum

Inh. Dr. Johann Schrenk
Alramweg 3, 91187 Röttenbach
schrenk@buchfranken.de - www.buchfranken.de
Satz und Layout: Johann Schrenk
Redaktion: Hermann Glaser und Johann Schrenk
Lektorat: Dagmar Mück
Cover, Vorderseite: Gestaltung Schrenk-Verlag unter Verwendung einer Postkarte der Firma Palm, Archiv Siegfried Kett
Cover-Rückseite: Gestaltung Schrenk-Verlag unter Verwendung einer historischen Abbildung aus dem Jahre 1744
Druck: KN Digital Printforce GmbH, Stuttgart

Originalausgabe 2016
ISBN 978-3-924270-83-4

INHALTSÜBERSICHT

Einleitung

Nürnberg ist mit der Entwicklung der Elektrizitätslehre und der Elektrotechnik eng verknüpft. Namen wie Georg Simon Ohm (1789-1854) und Sigmund Schuckert (1846-1895) zeugen davon. Doch die geschichtliche Verbindung Nürnbergs mit der Elektrizität reicht weit über den Physiker Ohm und den Unternehmer Schuckert hinaus. Sie geht zurück bis ins Barockzeitalter, als hier der Gymnasialprofessor Johann Gabriel Doppelmayr (1677-1750) das erste Lehrbuch über die Elektrizität in deutscher Sprache geschrieben hat zu einer Zeit, als all das, was wir heute ganz selbstverständlich damit verbinden, noch jenseits jeder Denkvorstellung lag. Künstliches Licht in den Häusern spendeten Kienspan, Kerzen und Öllampen, deren Leistung man durch Verbesserung des Dochtes zu steigern versuchte. Auf den Straßen war es nachts finster; die erste Straßenbeleuchtung in Nürnberg sollte es erst über 40 Jahre nach Doppelmayrs Tod geben, und zwar aus fest installierten Öllampen. Eine Nachricht von Nürnberg nach Venedig war über eine Woche unterwegs. Vor dem Blitz als göttlichem Feuer versuchte man sich mit Gebeten, Läuten der Kirchenglocken, geweihten Kräutern und allerlei Zaubermitteln zu schützen.

Energie lieferten Wasserräder, von denen es in Nürnberg längs der Pegnitz und des Fischbachs, der damals noch offen durch die Stadt geflossen ist, über 150 gegeben hat, die Getreide-, Papier- und Pulvermühlen sowie Hammer- und Schöpfwerke angetrieben haben. Die elektrische Kraft zeigte sich noch recht unspektakulär dadurch, dass ein geriebenes Glasrohr ein paar winzige Blattgold- oder Papierschnitzel anziehen konnte.

Nach Doppelmayr gab es in Nürnberg immer wieder sehr interessante, wichtige und für die jeweilige Zeit charakteristische Menschen, für die die Elektrizität Forschungs- und Experimentierfeld gewesen ist, die als reisende Schausteller und Experimentatoren, Geräte- und Blitzableiterbauer oder als sonstige Handwerker ihr Brot damit verdienten oder als Unternehmer die Stadt in der zweiten Hälfte des 19. Jahrhunderts zu einem der führenden deutschen Standorte der Elektroindustrie gemacht haben.

Dieses Buch will diese facettenreiche Geschichte zwischen dem 18. Jahrhundert und der Wende zum 20. Jahrhundert näher beleuchten. Beim Gang durch diese Geschichte braucht man keine umfangreichen physikalischen oder technischen Kenntnisse. Aber mitunter könnte es doch hilfreich sein, auf entsprechende Grundinformationen zurückgreifen zu können. Dazu dienen kurze Einschübe zwischen den historischen Kapiteln.

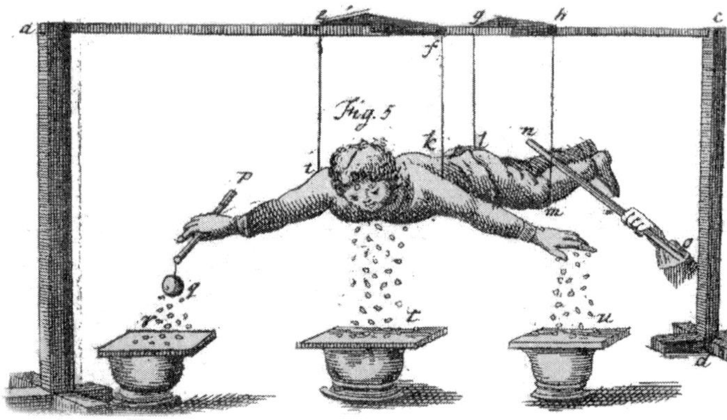

Experiment mit frey schwebenden Knaben zur Demonstration der Leitfähigkeit des menschlichen Körpers
Abbildung aus dem ersten deutschen Lehrbuch über Elektrizität aus dem Jahre 1744 von Johann Gabriel Doppelmayr

Kap. 1 Die Wiege der Elektrizitätslehre stand in London

Den aus fossilem Harz bestehenden Bernstein verarbeiteten die Menschen schon in der Steinzeit zu Schmuck. Im antiken Griechenland nannte man Bernstein Ελεκτρον (élektron), was so viel wie „helles Gold" bedeutet. Die Erfahrung, dass dieser Stoff nach dem Reiben Getreidespreu oder leichte Federn anzieht, ist uralt, ebenso wie die Tatsache, dass das Mineral Magneteisenstein auf Eisenspäne anziehend wirkt. Der erste, der sich mit diesen Phänomenen theoretisch auseinandergesetzt haben soll, wenn auch nur am Rande, war der griechische Philosoph Thales, der um 600 v. Chr. im kleinasiatischen Milet lebte. Jedenfalls berichtet dies Diogenes Laertius, der im dritten Jahrhundert nach Christus die Geschichte der antiken griechischen Philosophie niedergeschrieben hat. Nach dessen Bericht dachte sich Thales auch das Leblose beseelt, eine Ansicht, zu der ihn die Beobachtung des Magneteisensteines und des Bernsteins führte.[1] Hieraus allerdings abzuleiten – wie mitunter zu lesen –, Thales sei der Entdecker der Elektrizität oder gar der Urvater einer Elektrizitätslehre, wäre völlig überzogen. Ebenso abwegig ist es, von einer „Elektrotechnik des Altertums" zu sprechen, nur weil Archäologen bei Bagdad ein Tongefäß mit einem Kupferzylinder und einem Eisenstab gefunden haben, das bei Füllung mit einer säurehaltigen Flüssigkeit als galvanisches Element gewirkt haben könnte, oder weil die im zweiten Buch Mose beschriebene Bundeslade – eine Holztruhe zur Aufbewahrung der Gesetzestafeln mit den zehn Geboten Gottes – innen und außen mit Gold beschlagen war und so einem elektrischen Kondensator glich. In einigen modernen Phantasiegeschichten taucht die Bundeslade sogar als eine Funkstation zur Kommunikation mit Außerirdischen auf.

Während die unspektakuläre Wirkung des geriebenen Bernsteins auf Getreidespreu Jahrhunderte lang für die gelehrte Welt uninteressant blieb, gelangte der Magnetismus schon frühzeitig ins Bewusstsein der Menschen. Seit der Antike kursierten Geschichten von gefährlichen Magnetbergen, die im Mittelalter auch Eingang in die deutsche Sagenwelt fanden.

Eine eigenständige Theorie zum Magnetismus hatten unter den griechischen Naturphilosophen schon die „Atomisten" Demokrit (geb. um 460 v. Chr.) und Epikur (341-271 v. Chr.) entwickelt. Sie gingen davon aus, dass die Zerlegung aller Stoffe bei nicht weiter zu zerlegenden Partikeln, den Atomen (griech. ἄτομος, atomos, unteilbar) endet. Beim Magneteisenstein würden nach Epikurs Auffassung dessen sehr feine Atome aus diesem austreten, um ihn herum eine Art Atmosphäre bilden und damit die Luft vertreiben. In den luftleeren Raum könnten so Eisenatome eindringen und wegen ihrer starken Verwobenheit mit dem Eisenstück dieses nachziehen.

Im Gegensatz sowohl zur philosophisch geprägten Naturlehre des Altertums wie auch zu der auf die Bibel fixierten Autoritätsgläubigkeit der christlichen Gelehrten des Mittelalters entwickelte sich seit dem 13. Jahrhundert eine Denkrichtung, nach der die Menschen die Geheimnisse der Natur durch das Experiment ergründen sollten. Einer der ersten Vertreter dieser experimentellen Naturlehre, der französische Adlige Petrus Peregrinus, befasste sich mit dem Magnetismus und stellte durch Versuche fest, dass beim Zerschneiden einer Magnetnadel wieder ganz neue Magnete entstehen. In einer Schrift „Epistola de Magnete" von 1269 benannte er auch als erster die beiden Pole des Magneten.

Anders als beim Magnetismus erfährt man von der Anziehungskraft des Bernsteins über die Jahrhunderte hinweg nichts Neues, sieht man davon ab, dass es in England zur Zeit William Shakespeares (1564-1616) Bücher zu kaufen gab, die viel Abstruses, Esoterisches und Okkultes enthielten und dabei auch die Anziehungskräfte von Magneteisenstein und Bernstein bemühten. So berichtet es William Gilbert (1544-1603), Naturforscher und Leibarzt der englischen Königin Elisabeth I. (1533-1603) und neben Galileo Galilei (1564-1642) einer der genialsten Naturforscher

William Gilbert führt seine elektrischen Versuche Königin Elisabeth I. vor. (Gemälde von 1903)

der Renaissance. Gilbert hatte sich voll der experimentellen Naturlehre zugewandt, vor allem dem Magnetismus, aber auch der Elektrizität, was schließlich in seinem 1600 erschienenen, in Latein verfassten, bahnbrechenden Werk „De Magnete"[2] seinen Niederschlag fand. Die Elektrizität nimmt zwar nur den zehnten Teil des Buchumfanges ein, aber durch diese Veröffentlichungen wird sie als eine eigenständige Kategorie in der Naturlehre begründet. Gilbert prägt die Begriffe „elektrische Kraft" („Bernsteinkraft") und „elektrische Anziehung" und stellt sich die Aufgabe, durch Experimente zu ergründen, welche Substanzen elektrisch anziehen bzw. angezogen werden. Hierzu hat er das erste elektrische Messgerät entwickelt, das (ungeeichte) Elektroskop. Er schreibt: *Mache Dir eine rotierende Nadel aus irgend einer Sorte von Metall, drei oder vier Finger lang, ganz leicht, balancierend auf einer Spitze in der Art der Magnetnadel. Bringt man an eines der Enden ein Stück Bernstein oder einen Edelstein, leicht gerieben, poliert und glänzend: sofort bewegt sich das Instrument.* Durch seine Versuche stellt er fest, dass auch Diamanten, Saphire, Opale, Bergkristalle und Glas die gleiche Wirkung wie Bernstein zeigen und dass nicht nur Spreu angezogen wird, sondern auch Metalle, Blätter, Erze, Wasser oder Öle.

Abbildung des Elektroskops von Gilbert in dessen Werk „De Magnete"

Nach dem Erscheinen von Gilberts Buch experimentierten zwar auch einige andere Forscher mit der neuen Naturkraft, in der Regel allerdings neben ihren eigentlichen Interessensgebieten. Dabei erweiterte der italienische Jesuit und Physiker Niccolo Cabeo (1586-1650) 1629 die Liste der „Electrica", wie Gilbert die Stoffe nannte, die nach dem Reiben andere Stoffe anziehen können. Cabeo beobachtete zudem, dass sich geladene Körper sowohl anziehen wie auch abstoßen. Aus der Nachrangigkeit gegenüber anderen physikalischen Themen, wie der Astronomie, Mechanik und Optik oder der Beschäftigung mit dem Luftdruck und dem luftleeren Raum, kam die Elektrizität aber nicht heraus.

Der erste Deutsche, der in der Geschichte der Elektrizität eine Rolle spielt, ist der Magdeburger Naturforscher und Bürgermeister Otto von Guericke (1602-1686). Ihn beschäftigte die Frage, durch welche geheimnisvolle Kraft die Erde trotz ihrer Drehung alle Dinge an ihrer Oberfläche festhält. Sie müssten doch ins All geschleudert werden. Um dies zu ergründen, fertigte er 1663 das Modell einer Erdkugel aus Schwefel, Kitt und Harz mit einem Durchmesser von ½ Fuß an. Wenn er diese Kugel drehte und dabei

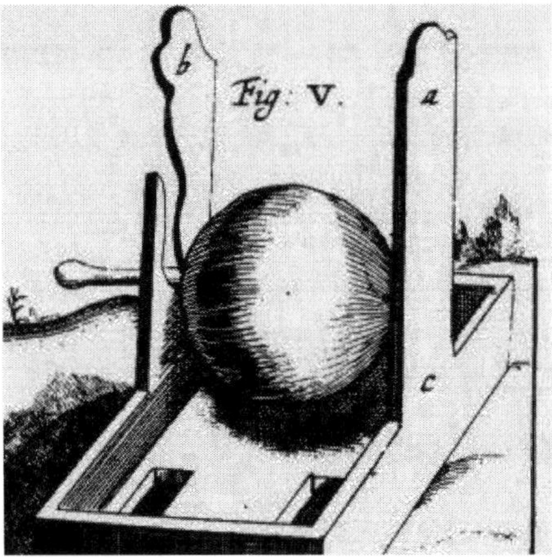

Die Schwefelkugel von Otto von Guericke gilt als erste Elektrisiermaschine der Welt.

rieb, dann zog sie tatsächlich Federn, Goldplättchen oder Papierschnitzel an. Guericke glaubte deshalb, in der Elektrizität die Kraft entdeckt zu haben, die trotz der Drehung der Erde alles auf ihrer Oberfläche festhält. Auch wenn er mit dieser Hypothese völlig im Abseits lag, so gilt er doch als Erfinder der Elektrisiermaschine, deren Wirkung erheblich stärker ist als die von geriebenen Glasstäben. Nach seinem Vorbild ließen sich auch andere Naturforscher Elektrisiermaschinen anfertigen. Der deutsche Philosoph, Mathematiker und Physiker Gottfried Wilhelm Leibniz (1646-1716) entdeckte damit 1672 den elektrischen Funken.

Doch ein viel stärkerer Impuls für die weitere Entwicklung des neuen Wissensgebietes ging wiederum von dessen Geburtsstätte London aus und zwar von Francis Hauksbee (1666-1713), einem gelernten Tuchmacher. Darüber, wie er zu einem genialen Konstrukteur wissenschaftlicher Geräte geworden ist, gibt es in der Literatur nur Vermutungen. Für die Elektrizität begeisterte er sich, als er gelesen hat, dass der französische Astronom Jean Picard (1620-1682) im Jahre 1675 durch Zufall beim Schütteln eines Barometers im Dunkeln Leuchterscheinungen in dessen Vakuumteil entdeckt hatte, die sich auch zeigten, wenn man an der Glaswand rieb. Hauksbee baute daraufhin nach dem Muster von Guericke eine Elektrisiermaschine, ersetzte die Schwefelkugel aber durch eine Glaskugel, die er luftleer pumpen konnte, und drehte diese mit einer Handkurbel an. Das im Inneren der Kugel erzeugte Licht wurde bei der Zugabe von Quecksilber in das Vakuum besonders hell. Seine Versuche zeigte Hauksbee auch vor Publikum und erregte dabei solche Aufmerksamkeit, dass er 1703 zu deren Präsentation von den Mitgliedern der Royal Society, einer 1660 in London gegründeten Gelehrtengesellschaft, eingeladen wurde, obwohl deren damaliges Hauptinteresse der Optik und der Gravitation galt sowie der Entwicklung einer Maschine, die Wärmeenergie in Bewegungsenergie umwandeln konnte, d. h. einer Dampfmaschine. Präsident der honorigen Gesellschaft war

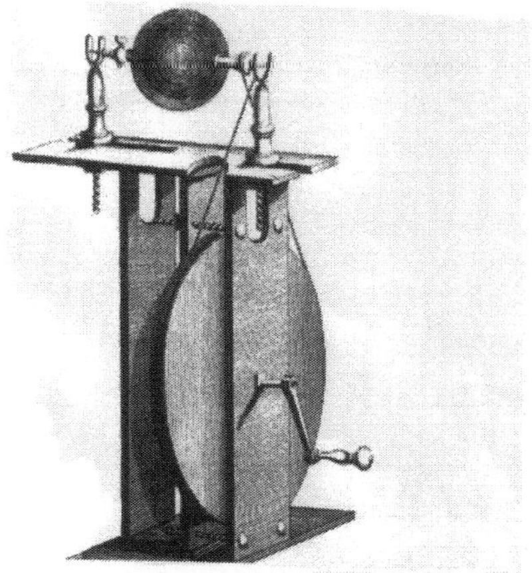

Elektrisiermaschine, mit der Francis Hauksbee seine Aufsehen erregenden Versuche durchführte. (Abbildung aus Doppelmayrs Lehrbuch)

zu jener Zeit kein geringerer als der große Physiker Isaac Newton (1643-1727). Hauksbee beeindruckte mit seinen Geräten und Versuchsanordnungen so sehr, dass ihn die Royal Society ein Jahr später als „Curator of Experiments" anstellte.

Seine elektrischen Experimente hat Hauksbee in der Schrift „Physico-Mechanical Experiments in Various Subjekts touching light and electricity" festgehalten. Es ist das weltweit erste Buch, das sich ausschließlich mit der Elektrizität befasst. Dass fortan auch Isaac Newton dieser Naturkraft eine Bedeutung beimaß, zeigt die Aussage in der zweiten Ausgabe seines Werks „Principia", fast alle festen Körper durchziehe ein in ihnen verborgener elektrischer Geist.[3] Doch wie sehr trotz solch hehrer Worte das neue Wissensgebiet zu Lebzeiten von Isaak Newton und Francis Hauksbee noch in den Kinderschuhe steckte, mag man daran erkennen, dass noch nicht einmal bekannt war, dass sich die Elektrizität weiterleiten ließ und es leitende und nicht leitende Stoffe gab. Das erkannte erst Stephen Gray (1666-1736) im Jahre 1729, als er – wiederum in London – die Elektrizität von einer Elektrisiermaschine über eine an Seidenfäden aufgehängte Hanfschnur über 100 Meter weit zu einer Elfenbeinkugel leitete, die daraufhin Papierschnitzel anzog. Er wurde für diese Entdeckung von der Royal Society mit der 1731 neu geschaffenen Copley-Medaille ausgezeichnet, die seit dieser Zeit jährlich an einen herausragenden Naturwissenschaftler verliehen wird (später u.a. an Charles Darwin und Albert Einstein) und in ihrer Bedeutung erst vom 1901 geschaffenen Nobelpreis übertroffen worden ist.

[1] *Diogenes Laertius: Leben und Meinungen berühmter Philosophen, Hamburg 1998, S. 14/15.*
[2] *Vollständiger Titel des Werkes: De Magnete, Magneticisque corporibus et de magno magnete tellure; Physiologia nova, plurimis et argumentis et experimentis demonstrata .*
[3] *Charles Coulston Gillispie: Dictionary on Scientific, Volume VI, New York 1972, S. 169 f.*

Zu den Fragen nach dem Wesen der Elektrizität, deren Weiterleitung und Leuchterscheinungen in Gasen

Vom Wesen der Elektrizität

Lange Zeit vermutete man, dass die Elektrizität ein stoffliches Medium sei. Heute wissen wir, dass die Ursache aller elektrischen Erscheinungen eine elementare elektrostatische Grundkraft zwischen den atomaren Bauteilchen „Elektron" und „Proton" ist. Zur Erklärung nannte man sie unterschiedlich geladen, das Elektron negativ, das Proton positiv. Es gilt: Gleiche Ladungen ziehen sich an, ungleiche Ladungen stoßen sich ab.

Protonen sind Teil des Atomkernes, den die Elektronen umkreisen. Der Atomkern hat einen Durchmesser vom hundert milliardsten Teil eines Millimeters (d. h. etwa 0,00.000.000.000.001 mm oder 10^{-14} m). Im Atomkern befinden sich zwischen einem (beim Wasserstoffatom) und 92 Protonen (beim Uran). Dazu kommen ungeladene Neutronen. In einem Abstand, der zehntausend mal so groß ist wie der Durchmesser des Atomkerns, umgibt diesen eine Wolke von Elektronen, deren Anzahl der Zahl der Protonen im Kern entspricht. Die Elektronen stellen wir uns meist sehr vereinfacht wie Planeten vor, die den Atomkern auf bis zu sieben verschiedenen Schalen umkreisen.

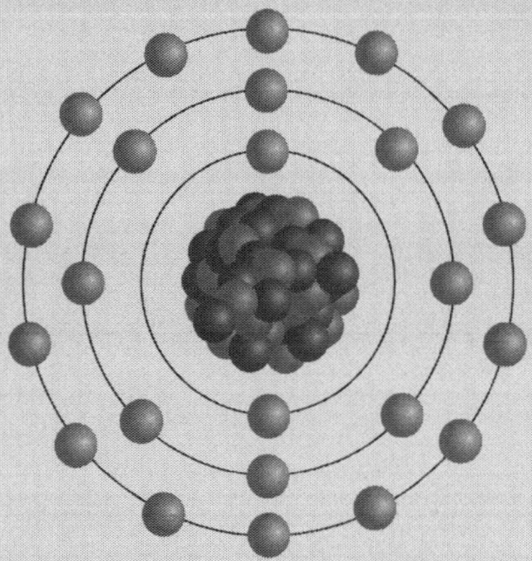

Uran-Atom: Im Kern eines Uranatoms befinden sich 92 Protonen und 146 Neutronen. Ihn umkreisen 92 Elektronen.

Diesem anschaulichen atomaren Planetenmodell stehen allerdings die Erkenntnisse der Quantenmechanik entgegen, denn die Elektronen sind physikalisch korrekt nicht als Körper, sondern eher als elektrische Wellen zu verstehen. Aus der Quantenmechanik folgt zudem, dass sich die von den Protonen angezogenen Bahnelektronen nur auf ganz bestimmten Elektronenschalen (besser: Energieniveaus) mit jeweils definiertem Abstand vom Kern bewegen dürfen, wobei der Energiegehalt der Elektronen von der äußersten Schale zur nächst inneren nicht kontinuierlich, sondern jeweils stufenförmig

(d. h. in Quantensprüngen) sinkt bis zum Mindestquantum der maximal zwei Elektronen auf der innersten Schale. Noch weniger Energiegehalt können die Bahnelektronen unter normalen Verhältnissen nicht haben, deshalb stürzen sie auch nicht auf den positiven Atomkern, der sie elektrostatisch ja anzieht. Dass sich wiederum die Protonen im Kern nicht gegenseitig abstoßen, liegt an der nur über eine äußerst kurze Strecke wirkenden Kernkraft, die die Atomkerne zusammenhält und noch viel stärker ist als die elektrostatischen Kräfte, die die Protonen auseinander treiben wollen.

Im Normalzustand befinden sich in einem Gegenstand ebenso viele Elektronen wie Protonen. Nach außen ist er dann ungeladen. In einem Glasstab von etwa 200 g Gewicht sind rund 1.000.000.00 0.000.000.000.000.000.000 Elektronen und ebenso viele Protonen. Das sind 1 Mrd x 1Mrd x 1Mrd Elektronen oder 10^{27} Elektronen. Hat er eine Überzahl an Protonen, nennen wir den Körper positiv geladen, überwiegen die Elektronen, dann ist er negativ geladen. Wie bei den Elementarteilchen gilt: Ungleich geladene Körper ziehen sich an, gleich geladene stoßen sich ab. Aus Zweckmäßigkeitsgründen deuten wir in grafischen Darstellungen von geladenen Körpern jeweils nur einige Elektronen und Protonen an.

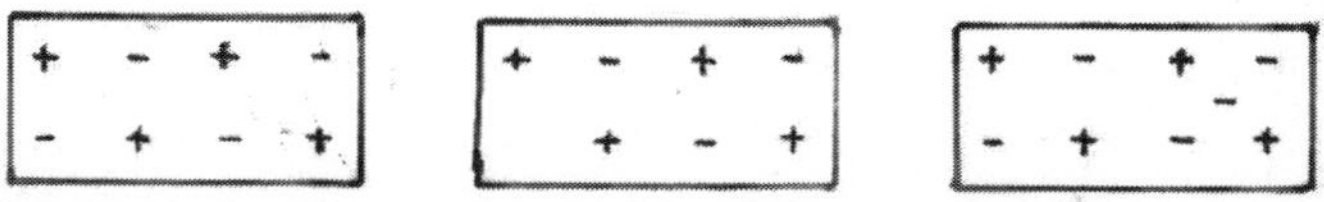

ungeladen (neutral) *positiv geladen* *negativ geladen*

Beim Reiben mit einem Wolltuch werden dem Glasstab Elektronen entzogen, d. h. er wird positiv geladen. Allerdings verlässt ihn selbst bei intensivstem Reiben nicht – wie aus der schematischen Darstellung geschlossen werden könnte – jedes vierte Elektron, sondern nur jedes hundertmilliardste Elektron, aber das sind immer noch viele tausend Milliarden. (Wenn auch nur ein Prozent der Elektronen von zwei solchen Glasstäben, die rund einen Meter voneinander entfernt sind, diese verlassen würden, dann würden sich die beiden positiv geladenen Körper mit einer Kraft voneinander abstoßen, die ein Vielfaches des Gewichts eines Flugzeugträgers ist.)

Weiterleitung der Elektrizität

Bei den verschiedenen Werkstoffen unterscheidet man Leiter und Nichtleiter. In Nichtleitern sind alle Elektronen mit den einzelnen Atomen des Atomverbandes fest verbunden. Bei den Leiterwerkstoffen wie Kupfer oder Eisen gibt es dagegen auch einige Elektronen, die bei der gegenseitigen Bindung der Atome zu kristallinen Strukturen nicht gebraucht wurden und sich somit zwischen den Atomverbänden frei bewegen können. Verbindet man unterschiedlich geladene Körper mit einem solchen Leiter, entnimmt der Körper mit Elektronenmangel dem Leiter freie Elektronen, der Körper mit dem Elektronenüberschuss führt ihm jedoch am anderen Ende welche zu. So entsteht ein Elektronenfluss, den man elektrischen Strom nennt und dessen Stärke in Ampere gemessen wird. Das Ausgleichsbestreben zwischen den geladenen Körpern nennt man elektrische Spannung. Sie wird in Volt gemessen.

Neben den freien Elektronen gibt es als frei bewegliche Ladungsträger auch Ionen. Das sind Atome oder Moleküle in Flüssigkeiten oder Gasen, bei denen die Protonen- und Elektronenzahl nicht übereinstimmt. So zerfällt ein Natriumchlorid-Molekül (Kochsalz) NaCl beim Lösen in Wasser in ein negativ geladenes Chlor-Ion und ein positiv geladenes Natrium-Ion. Das im reinen (destillierten) Zustand nichtleitende Wasser wird durch diese Ladungsträger zum Leiter.

Lichterscheinungen in Gasen

Wie bei der Elektrizität vermutete man auch beim Licht lange Zeit ein zugrunde liegendes körperliches Fluidum, eine eigene Materie. Heute weiß man, dass Licht entsteht, wenn in den Atomen Bahnelektronen von einer energiereicheren auf eine energieärmere Elektronenschale fallen. Die dadurch frei werdende Energie wird als Licht abgestrahlt, wobei man das Licht als eine Flut von Lichtquanten (Photonen) oder als elektromagnetische Welle betrachten kann. Die Farbigkeit des Lichtes erklärt man durch die unterschiedlichen Wellenlängen, die sich ergeben, je nachdem welches Elektron bei einem bestimmten Atom Energie abstrahlt. Die mit der Elektrizität in der Luft oder in anderen Gasen oder Gasgemischen verbundenen Leuchterscheinungen, wie das von Hauksbee beobachtete Leuchten in einem Barometer oder die Entstehung von Funken oder Lichtblitzen, rühren daher, dass durch hohe elektrische Spannungen beschleunigte freie Elektronen oder Ionen auf die Atome oder Moleküle der Gase prallen und deren Bahnelektronen kurzzeitig auf eine weiter außen liegende, d. h. energiereichere Schale stoßen.

Die beim Zurückfallen wieder frei werdende Energie wird dann als Licht abgestrahlt. In teilevakuierten Gefäßen mit relativ wenig Gasteilchen haben die freien Elektronen bzw. die ionisierten Gasteilchen wesentlich längere Anlaufwege zu den Gasatomen und werden deshalb viel schneller und damit energiereicher vor dem Zusammenprall. Deshalb ist in solchen Gefäßen die Leuchtwirkung besonders intensiv.

Kap. 2 Johann Gabriel Doppelmayr

Hauksbees elektrische Versuche müssen auch den jungen Nürnberger Physiker und Mathematiker Johann Gabriel Doppelmayr beeindruckt haben, der sich von 1701 bis 1702 in London zu Studienzwecken aufgehalten hat. Für eine Begegnung der Beiden gibt es zwar keine Belege, aber es kann ausgeschlossen werden, dass jemand, der aus Begeisterung für die experimentelle Naturwissenschaft sein Jurastudium an den Nagel gehängt, Physik studiert, sich mit dem Bau wissenschaftlicher Instrumente befasst und wegen seiner hervorragenden Englischkenntnisse in London sogar Zugang zu den Versammlungen der Royal Society bekommen hat, von Hauksbees Aktivitäten nichts mitbekommen hat. Alles spricht dafür, dass er damals, als sich in Deutschland noch kaum jemand dafür interessierte, in London den entscheidenden Impuls bekam, von da an alles zu sammeln, was er über die weitere Entwicklung der Elektrizitätslehre in Erfahrung bringen konnte.

Johann Gabriel Doppelmayr

Geboren wurde Doppelmayr 1677 als Sohn gut situierter Eltern. Sein Vater Johann Sigmund Doppelmayr (1641-1686) war Handelsmann und Genannter des Höheren Rates der Stadt Nürnberg. Nebenbei begeisterte er sich für die Naturwissenschaften und bastelte optische und mechanische Geräte. Wie sein Sohn später stolz berichtet hat, erfand er dabei die „senkrecht stehende Luftpumpe“.[1] Es war die Zeit am Übergang von der Renaissance zur Aufklärung, eine Epoche von Forschungs- und Wissensdrang, als neben den Universi-

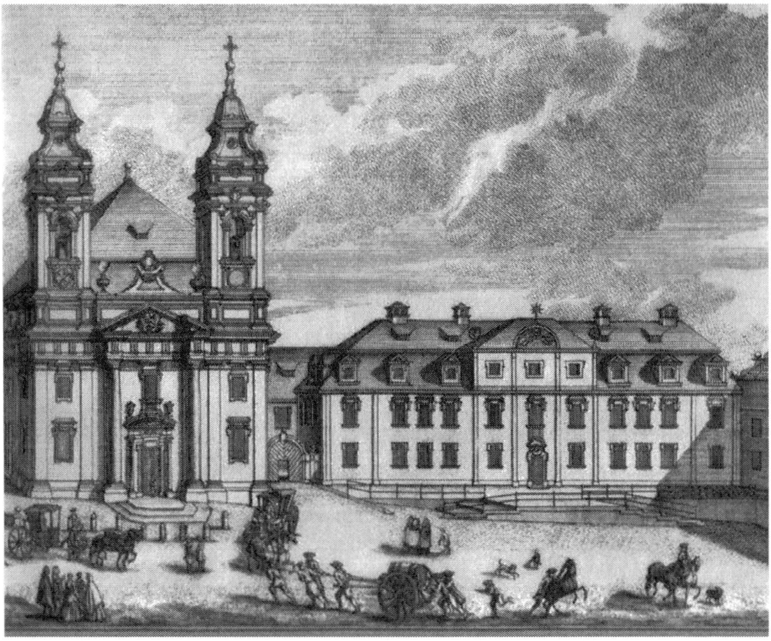

Egidisches Gymnasium in Nürnberg
(Kupferstich von Johann Adam Delsenbach)

täten eine neue Gelehrtengesellschaft auf der Basis von Freundeskreisen entstand. Private Bibliotheken von einigen tausend Büchern waren jetzt keine Seltenheit mehr. In Nürnberg, einem Zentrum von Buchproduktion und Buchhandel, gab es rund 100 buchgewerbliche Betriebe von der Druckerei über die Kupferstecherei, die Schriftgießerei und die Buchbinderei bis hin zu den Verlagen und Buchhandlungen. Doppelmayrs Vater war mit dem Altdorfer Philosophie- und Physik-Professor Johann Christoph Sturm (1635-1703) befreundet, für den er wissenschaftliche Geräte konstruierte. Sturm zählte zu den renommiertesten Gelehrten Europas. Nach Meinung des zeitgenössischen Nürnberger Chronisten Georg Andreas Will (1727-1798) war er *der allererste in Deutschland, der die Experimente der Physik einführte, ordentlich dozirte und schriftlich darstellte.*[2] Das ist zwar etwas übertrieben, denn auch andernorts gab es in Deutschland vereinzelt schon Experimentalvorlesungen; aber auf jeden Fall führte Sturm die in England, in den Niederlanden und in Italien entwickelten Ansätze einer modernen, experimentell arbeitenden Naturwissenschaft in seinem „Collegium curiosum experimentale" in Altdorf ein.

Um den jungen Johann Gabriel Doppelmayr kümmern sich zuerst Hauslehrer, dann besucht er das 1526 von der freien

Zur Zeit Doppelmayrs floss der Fischbach noch offen durch die Nürnberger Altstadt. (Kupferstich von Johann Adam Delsenbach)

Reichsstadt Nürnberg nach den Prinzipien des Reformators Philipp Melanchthon (1497-1560) eingerichtete Egidische Gymnasium. 1696 geht er an die Nürnberger Universität in Altdorf, um Jura zu studieren. Selbstverständlich nimmt er dort auch an den Veranstaltungen von Johann Christoph Sturm teil. 1699 wechselt er von Altdorf an die noch sehr junge Universität Halle, wo er die Juristerei bald ganz aufgibt und nunmehr Physik und Mathematik zu seinen Hauptfächern wählt. 1700 begibt er sich über Amsterdam nach Utrecht. Dort studiert er Mathematik, Französisch, Englisch und Italienisch. 1701 geht Doppelmayr in die Niederlande nach Leiden, um sich mit der Astronomie zu befassen. Er wohnt bei Lothar Zumbach von Koesfeld (1661-1727), der Vorlesungen über Astronomie hält, astronomische Instrumente bauen lässt und auch an der Herstellung von Globen beteiligt ist. Nebenbei lernt er dort das Glasschleifen, wahrscheinlich in der Werkstatt von Johannes Joosten van Musschenbroek (1660-1707), dem Vater des Physikers Pieter van Musschenbroek (1692-1761). In dieser damals sehr bekannten Werkstatt wurden physikalische Instrumente hergestellt, wie Luftpumpen, Mikroskope und Fernrohre.[3] Anschließend segelt Doppelmayr von Rotterdam nach England, wo er zunächst in London und dann einige Monate in Oxford lebt.

Als er nach London zurückkehrt, sind seine Englischkenntnisse schon so gut, dass er die Erlaubnis erhält, an den Versammlungen der Royal Society teilzunehmen. Anfang 1702 verbringt er noch einige Monate in Leiden und kehrt im August des gleichen Jahres nach Nürnberg zurück, wo er 1704 Mathematik- und Physikprofessor am Egidischen Gymnasium wird.

Über Doppelmayrs Physikunterricht wissen wir nichts, auch nicht, wann er dort zum ersten Male elektrische Versuche gezeigt hat. In einer Schrift „Physica Experimentis illustrata" aus dem Jahre 1731 listet er 700 Versuche bzw. Beobachtungen auf.[4] Es ist anzunehmen, dass es sich dabei um Experimente und Demonstrationen handelt, die er selbst in Vorträgen in und außerhalb des Schulunterrichts geboten hat. An den Anfang stellt er Versuchsreihen zum Aufbau der Materie.

Dann wird ein weites Feld abgedeckt, das u.a. die Bereiche „Experimente von der Schwehre und Leichte der Cörper", „Allerhand Maschinen und Modell" sowie Astronomie und Magnetismus enthält sowie ein Kapitel „Von dem Licht und den Farben", wozu auch die Vorführung von Mikroskopen und der Laterna Magica gehört. Mit der Elektrizität befassen sich immerhin schon zehn Versuche. In der Bayerischen Staatsbibliothek in München findet sich eine undatierte Vorläufer-Ausgabe mit dem gleichen Titel, aber mit nur 400 Versuchen und noch ohne Versuche zur Elektrizität. Daraus kann man schließen, dass sich Doppelmayr nicht von Anfang an experimentell mit der Elektrizität aktiv befasste, dieses aber schon mehr als zwölf Jahre lang getan hatte, ehe er sein Lehrbuch 1744 veröffentlicht hat.

Die Tätigkeit am Gymnasium dürfte Doppelmayr außer dem Professorentitel finanziell wenig gebracht haben. Die Zahl der Unterrichtsstunden in seinem Fach war sehr begrenzt und zudem verdienten Lehrer – für die es noch keine spezifische Ausbildung gab – damals recht wenig. Hauptsächlich hat Doppelmayr wohl Bücher geschrieben, zumal die Weitergabe von naturwissenschaftlichem Wissens an breitere Bevölkerungsschichten jenseits des Wissenschaftsbetriebes in zunehmenden Maße eine Rolle gespielt hat im Sinne einer aufblühenden, enzyklopädischen Büchergelehrsamkeit. Dabei verfasste er zahlreiche eigene Schriften, u.a. über Sonnenuhren oder über die Herstellung und den Gebrauch astronomischer Instrumente. Außerdem brachte er, meist in neuer Bearbeitung, Schriften von anderen Wissenschaftlern heraus, wobei er die fremdsprachlichen Autoren selbst übersetzte, darunter Werke über Astronomie oder den Bau wissenschaftlicher Geräte. Ab 1709 leitete er auch die Sternwarte auf der Nürnberger Burg. International bekannt geworden ist Doppelmayr auch wegen der

Himmelsglobus von Doppelmayr

von ihm hergestellten Karten und Globen für die „Homännische Landkartenoffizin", einem 1702 von dem Kartographen Johann Baptist Homann (1664-1724) am Nürnberger Josephsplatz gegründeten Verlag für Landkarten, Atlanten und Globen. 1734 zog Homann in ein Gebäude in der Burgstraße um, das heute das stadtgeschichtliche Museum beherbergt und den Nürnbergern als „Fembohaus" bekannt ist. Neben den üblichen Landkarten fertigte Doppelmayr eine Karte an, die (nachträglich) den Verlauf einer Sonnenfinsternis im Jahre 1706 durch Europa zeigt und deren Verkaufserfolg dazu führte, dass der Verleger Homann für die Astronomie gewonnen werden konnte, was schließlich in Doppelmayrs großem astronomischem „Atlas novus coelestis" (Neuer Himmelsatlas) gipfelte, der 1742 erschienen ist.

An der Entwicklung der Elektrizität nahm Doppelmayr bis zu seinem Lebensende Anteil. Er starb im Dezember 1750, Gerüchte zufolge an einem Stromschlag, wahrscheinlich aber an einem Schlaganfall. Dass 50 Jahre nach seinem Tod ein Mondkrater von 63 km Durchmesser nach ihm benannt worden und dies 1935 von der IAU (International Astronomic Union) bestätigt worden ist, hat er allerdings nicht der Elektrizität zu verdanken, sondern neben den Himmelsgloben seinem astronomischen Himmelsatlas und diversen Werken über den Mond.

[1] *Johann Gabriel Doppelmayr: Historische Nachricht von den Nürnbergischen Mathematicis und Künstlern; Nürnberg 1730, S. 103.*
[2] *Georg Andreas Will: Nürnbergisches Gelehrten-Lexicon, Nürnberg und Altdorf 1751, S. 802.*
[3] *Vgl. Gaab, Hans: Johann Gabriel Doppelmayr (1677-1750). In Dick, Wolfgang R.; Hamel Jürgen (Hrsg.): Beiträge zur Astronomiegeschichte Bd. 4. Frankfurt a.M., Harri Deutsch 2001, S. 46-49.*
[4] *Johann Gabriel Doppelmayr: Physica Experimentis illustrata oder Die durch viele Experimente und Kunst-Proben beförderte Natur-Wissenschaft in einem kurtzen Begriff dagegeben, und den Natur- und Kunst-Liebenden in den so benannten Collegiis curiosis weiter erkläret und demonstriret von Johann Gabriel Doppelmayr / P.P. Nürnberg, in Verlegung Joh. Friederich Rüdigers. 1731.*

Neu-entdeckte Phænomena
von Bewunderns-würdigen Würckungen der Natur,
welche
bey der fast allen Cörpern zukommenden
Electrischen Krafft/
und dem dabey in der Finstern mehrentheils
Erscheinenden Liecht
einige berühmte Mitglieder
der preißwürdigen Königl. Engl. Societæt der Wissenschafften
vornemlich aber,
Herr HAUKSBEE und Herr GRAY in London
und nach einer weitern Untersuchung,
Monsieur du FAY in Paris
durch viele Experimenta, zu unsern Zeiten glücklich hervorgebracht, und in unterschiedlichen Wercken dem Publico mitgetheilet,
vorjetzo
wegen ihres besondern und sehr nützlichen Innhalts, in einem Systemate vorstellig gemacht, mit vielen nöthigen Anmerckungen und Figuren, auch zu letzt mit allerhand physicalischen Betrachtungen und einer dienlichen Hypothesi erläutert
von
Johann Gabriel Doppelmayr,
Der Kayserlichen Leopoldino-Carolinischen und Petersburgischen Academien, auch der Königlichen Englischen und Preussischen Societæten der Wissenschafften-Mitglied und Mathem. Professore Publico.

Nürnberg,
In Commission in der Wolff Moritz Endterischen und Engelbrechtischen Buchhandlung, gedruckt bey Johann Joseph Fleischmann, 1744.

Titelseite von Doppelmayrs Elektrizitätslehre

Kap 3 Das erste Lehrbuch über die Elektrizität in deutscher Sprache

Zur Frankfurter und Leipziger Ostermesse 1744 kommt das erste Lehrbuch in deutscher Sprache, das sich ausschließlich mit der Elektrizität befasst unter dem Titel „Neu-entdeckte Phaenomena von bewundernswürdigen Würckungen der Natur"[1] auf den Markt.[2] Johann Gabriel Doppelmayr hatte es im September 1743 in Nürnberg vollendet. Eine dreiseitige Besprechung des Werks in der Maiausgabe des Jahres 1744 der in Leipzig erschienenen „Zeitung von gelehrten Sachen" würdigt, dass sich *der Herr Prof. Doppelmayr die nützliche Mühe gegeben* hat, *alle Versuche, die seit Gilberts und Guerickens Zeiten bis itzo mit electrischen Körpern zur Entdeckung der electrischen Kraft verknüpften mannigfaltigen Erscheinungen sind angestellet, und in verschiedenen Schriften aufgezeichnet worden, zu sammeln, und dem deutschen Leser vor Augen zu stellen.*[3]

Nach einem Vorwort mit Hinweisen auf Philosophen und Naturforscher, die sich zu elektrischen Erscheinungen in der Vergangenheit Gedanken gemacht haben, listet Doppelmayr im ersten Teil des Buches zunächst auf, was man alles zum Experimentieren mit der elektrischen Kraft braucht. Es sind dies ein an beiden Enden mit Stöpseln verschließbares Glasrohr, ein trockenes weißes Leinentuch und ein wollenes Tuch, weißes Papier zum Reiben, Feuer, Haare vom Rücken eines Hundes, Haare vom Rücken einer Katze, lange Rosshaare, andere Haare, Körper aus Siegellack, Gummi und Schwefel, Goldblättlein, leichte Federn, Glasteller, blauseidene Fäden und Stricke, Haselnussruten, Elektrisiermaschine, Schwefelkugel, Isolierhalter und Draht. Bei dem für das Glasrohr verwendeten Glas weist Doppelmayr darauf hin, *dass das englische Glas mit einer mehreren electrischen Krafft als das teutsche und holländische begleitet seye.*[4]

Dann nennt er die Versuchsbedingungen hinsichtlich des Wetters: Der Himmel müsse heiter sein, der Wind von der *mitternächtlichen Seite* her wehen, die Luft warm und trocken sein, *weilen die feuchte Luft, die gar starcke Kälte und die große Hitze der electrischen Kraft sehr entgegen ist.* Er rät auch, *dass man solche Experimenta zur Winterszeit in einem temperirt warm gemachten, und im Sommer in einem kühlen Zimmer vornehmen* solle.[5]

Jetzt folgen 270 Experimente, die er zum Teil auch illustriert. Es handelt sich in aller Regel um Versuche aus Veröffentlichungen zeitgenössischer ausländischer Wissenschaftler, vor allem solche des Franzosen Charles Francois Du Fay (1698-1739) sowie der Eng-

Demonstration der Ladung eines geriebenen Glasstabs

länder Francis Hauksbee (1666-1713) und Stephen Gray (1666-1736). Es beginnt mit dem Reiben des Glasrohres, das dabei *viel kleine Stücklein vom geschlagenen Gold mehrere Zoll in die Höhe hebt*. Es folgen Experimente, die die Weiterleitung der Elektrizität in toten Körpern beweisen, wie z. B. in einem Draht. Danach beschäftigen sich die Versuche mit der Leitung in lebenden Körpern. Eine Beschreibung lautet z. B.: *Ein in zweyen blau-seidenen Stricken bei einem horizontalen Stand frey schwebender Knab, oder auch ein erwachsener Mensch, der mit dem Gesicht unterwarts gewendet ist, wird an seiner Stirn, so bald jemand mit dem electrisierten Glasrohr die Fußsolen von jenem berühret oder selbigen nahe kommet, eine electrische Kraft überkommen, welche, von unten auf die auf einem Glasgestell liegende kleine Objecta in die Höhe bringen und dann wieder zurück treiben wird.*[6] Nach einer langen Reihe von weiteren Versuchen beschreibt Doppelmayr auch solche mit Lichterscheinungen. Dabei verwendet er zur Erzeugung der elektrischen Kraft eine Elektrisiermaschine, wie sie Hauksbee 1705 in London entwickelt hat.

Im zweiten Teil des Buches stellt Doppelmayr *physikalische Betrachtungen über die Phaenomena von der Electricitaet* an.[7] Er legt dabei die Existenz einer elektrischen Materie zugrunde, *aus der sich die electrische Kraft hervorthut*. Diese Materie erkenne man am etwas angebrannten Geruch beim Reiben der Körper. Auch die brennenden Stiche, die man auf der Haut wahrnehmen kann, würden auf einen *spührsamen Gegenstand* hindeuten. Die elektrische Materie sei so subtil, dass sie sogar durch ein Spiegelglas oder andere Körper hindurchginge, durch die die Luft nicht hindurch könne. Deshalb müsse die elektrische Materie noch viel subtiler als Luft sein und könne diese deshalb durchdringen. Die

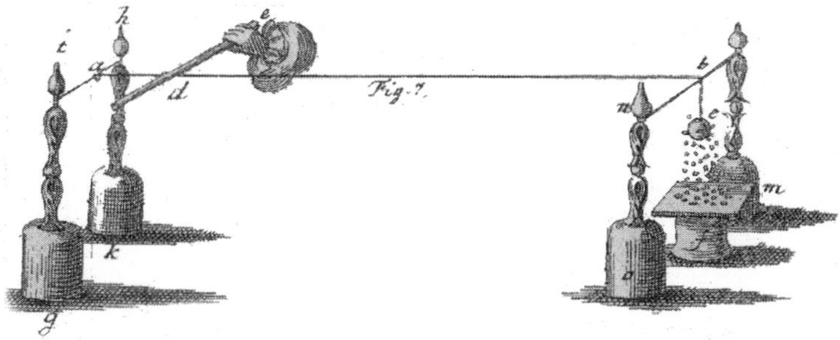

Demonstration der Weiterleitung von Elektrizität

elektrischen Theile habe man aus diesem Grunde auch *mit den allerbesten Microscopia* nicht beobachten können. Durch das Reiben bringe man diese elektrische Materie *mit Gewalt* aus dem Körper, *absonderlich aus dem Glasrohr*, hervor. Aber nur so lange, wie der Körper warm bleibt. Diese hervorgebrachte elektrische Materie übe einen Druck aus, dem der Luftdruck entgegenwirkt. Die Anziehungskraft rühre nicht von einer elektrischen Anziehungskraft her, sondern von der infolge des Luftdrucks *zukommenden Lufft*. Umgekehrt sei die Abstoßung eine Folge *nachströmender Lufft*. Bei der Reibung komme nämlich elektrische Materie aus dem Glas auch in den Innenraum des Glasrohres. Dabei vertreibe sie dort die Luft, die deshalb nach außen ginge und leichte Körper vom Glasrohr wegtriebe.

Aus heutiger Sicht muten die meisten von Doppelmayrs Experimenten kurios und von den Fragestellungen her ziemlich abwegig an, ebenso wie uns seine Erklärungen zum Wesen der Elektrizität reichlich archaisch vorkommen. Doch seien wir nicht ungerecht und versuchen das Buch aus der damaligen Zeit heraus zu sehen. Rein wissenschaftlich gesehen war man zu Doppelmayrs Zeit – auch wenn es nur zweieinhalb Jahrhunderte her ist – den Vorstellungen vom Aufbau der Materie und damit auch vom Wesen der Elektrizität den vor zweieinhalb Jahrtausenden lebenden griechischen Naturphilosophen wesentlich näher als dem heutigen Wissensstand.

Die Bedeutung von Doppelmayrs Buch für die damalige Naturwissenschaft in Deutschland hebt der Erfurter Universitätsprofessor Andreas Gordon (1712-1751) in der Vorrede zu seinem 1745 erschienenem Buch über die Elektrizität hervor: *Herr Professor Doppelmayr hat uns durch seine vielfache Mühe die Mühe erspart, das alles mit großen Umschweifen aufzusuchen, was sowohl die Historie der königlichen Academie der Wissenschaften in Paris, und ihren Memoires, als auch in einzelnen Schriften der Herren Muschenbroek, Hauskbee, Desagulieres, Gravensand u.a.m. zu dieser Sache gehöriges, zu finden ist. Und wenn man seine Neuentdeckte Phaenomena der electrischen Kraft zur Hand hat, so hat man beysammen, was in der Electricität gethan worden, ehe sich die Deutschen mit demjenigen Eifer auf diese Versuche gelegt, mit welchem sie denselben nunmehro obliegen.*[8]

[1] *Der ausführliche Titel lautet: Neu-entdeckte Phaenomena von bewundernswürdigen Würckungen der Natur, welche bey der fast allen Cörpern zukommenden electrischen Krafft und dem dabey in der Finstern mehrentheils erscheinenden Liecht einige berühmte Mitglieder der preisswürdigen Königl. Engl. Societaet der Wissenschafften vornemlich aber, Herr Hauksbee und Herr Gray in London und nach einer weitern Untersuchung, Monsieur du Fay in Paris durch viele Experimenta, zu unsern Zeiten glücklich hervorgebracht, und in unterschiedlichen Wercken dem publico nützlichen Innhalts, in einem Systemate vorstellig gemacht, mit vielen nöthigen Anmerckungen und Figuren, auch zu letst mit allerhand physicalischen Betrachtungen und einer dienlichen hypothesi erläutert, von Johann Gabriel Doppelmayr.*

[2] *Auszug der neuesten Weltgeschichte auf das Jahr1744, Beylage zu Num 12, Nürnberg 1744. S. 136.*

[3] *Neue Zeitung von gelehrten Sachen, Jahrgang 1744, Leipzig, S. 322-324*

[4] *Johann Gabriel Doppelmayr: Neu entdeckte Phaenomena, Nürnberg 1744, S. 9.*

[5] *Ebd. S 7.*

[6] *Ebd. S. 30.*

[7] *Ebd. S. 75 ff.*

[8] *Andreas Gordon: Versuch einer Erklärung von den Ursachen der Electricität, Breslau 1745, Vorrede.*

Von der Nah- und der Fernwirkung von Kräften

Durch die Vorstellung des Zusammenwirkens von elektrischem Fluidum und Luft bei der Anziehung elektrisch geladener Körper umging es Johann Gabriel Doppelmayr, an eine geheimnisvolle Fernwirkung durch den leeren Raum hin glauben zu müssen, ähnlich wie es die griechischen Philosophen Demokrit und Epikur zweitausend Jahre zuvor beim Magnetismus gemacht hatten. Zu dessen Erklärung brauchten sie den Ausfluss kleinster Partikel aus dem Eisen und dem Magneteisenstein, welche die Kraft übertragen. Demokrit, der zwischen Orten, die mit Materie angefüllt sind und „Orten des Nichts" unterschied, erschien eine Fernwirkung durch einen leeren Raum hindurch, sozusagen „telepathisch" über irgendwelche seelischen oder geistigen Kräfte, obskur. Der Philosoph Aristoteles lehnte sogar die Vorstellung von der Existenz leerer Räume völlig ab, alles müsse mit Stofflichem gefüllt sein, wozu er den „Weltäther" quasi als ganz feine Flüssigkeit erfand.

Aristoteles Ablehnung eines materiefreien Raumes würden wir heute entgegenhalten, dass wir inzwischen wissen, dass es im Universum zwischen den unzähligen großen und kleinen Himmelskörpern weite Strecken gibt, die praktisch materiefrei sind. Je weiter wir uns z.B. von der Erde entfernen, desto dünner wird die Luft und irgendwann gibt es kaum mehr Stoffliches, das den Raum ausfüllt. Zudem könnten wir Aristoteles belehren, dass auch alle Körper, die

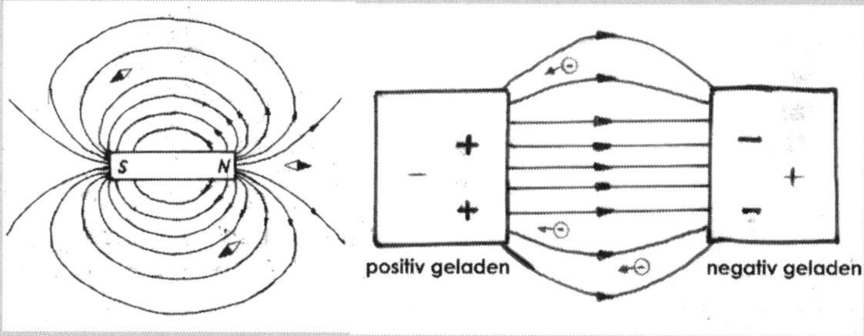

Magnetfeld *Elektrisches Feld*

er zu seiner Zeit als dichte Materie angesehen hat, weitestgehend aus Leere zwischen den verschiedenen Elementarteilchen bestehen. Er würde uns an dieser Stelle mit Sicherheit fragen, wie wir es uns dann wohl erklären, dass Himmelskörper über diese leeren Räume hinweg Kräfte aufeinander ausüben, dass ein Magnet auch im Vakuum Eisen anzieht oder dass sich die Elementarteilchen in den atomaren Strukturen über eine „Leere" von verhältnismäßig großen Abmessungen (verglichen mit ihren eigenen winzigen Dimensionen) hinweg anziehen oder abstoßen. Wir würden Aristoteles antworten, dass wir das zwar auch nicht erklären können, aber aus vielfältigen Messungen wissen, dass es so ist. Deshalb würden wir uns mit der Vorstellung helfen, dass hier Kraftfelder wirken, und zwar unabhängig davon, ob der Raum mit Materie gefüllt ist oder ob er leer ist. Um einen Magneten herum definieren wir ein magnetisches Kraftfeld, zwischen elektrisch geladenen Körpern sehen wir ein elektrisches Kraftfeld und um jeden Körper herum sehen wir ein Gravitationsfeld, das die Anziehung zwischen Stoffmassen erklärt, z.B. zwischen jedem Einzelnen von uns und der Erde, was wir als Gewicht bezeichnen. Mit dieser Hilfsvorstellung von Kraftfeldern können wir sogar exakt vorausberechnen, welche Kräfte auf eine Magnetnadel an jeder Stelle des gedachten Magnetfeldes wirken und in welche Richtung die Magnetnadel ausschlägt. Oder wie sich ein elektrisch geladenes Teilchen in einem elektrischen Feld bewegen wird, sei es zwischen zwei geladenen Körpern oder als Elektron im Atomverband. Graphisch stellen wir die Felder durch Kraftlinien dar, aus deren Richtung auf die Richtung der Kraft zu schließen ist.

Dass sich Aristoteles als einer der größten Naturphilosophen der Wissenschaftsgeschichte mit solchen Erklärungen begnügen würde, darf bezweifelt werden. Er wäre heute wohl unter denjenigen Physikern zu finden, die sich nicht mit einer nicht weiter reduzierbaren Modellvorstellung zufrieden geben wollen. Er würde sicher fragen, ob die von uns definierten leeren Räume im Weltraum oder zwischen den Elementarteilchen in den Atomverbänden aller Stoffe ein „Nichts" sind oder vielleicht doch der von ihm vermutete Weltäther, freilich nicht als allerfeinste Materie, sondern als eine allgegenwärtige Raumenergie. Worunter wir uns natürlich überhaupt nichts vorstellen können, denn Energie ist nichts Gegenständliches, sondern „Arbeitsvermögen" oder „imaginäre Materie", denn seit Einstein wissen wir, dass Masse und Energie äquivalent sind. Und wir wissen inzwischen, dass Elementarteilchen als Materie verschwinden und sich in Energiestrahlung verwandeln können, wie aus der Strahlung wiederum Materieteilchen entstehen können. Doch nach Antworten, wie das alles mit der physikalisch realen Existenz von Feldern, deren Wirkungen wir ja kennen und sogar berechnen können, zusammenhängt, suchen auch die heutigen Physiker noch.

Kap. 4 Die Elektrizität wird zur Modewissenschaft und zum Unterhaltungsfaktor

Der in Wittenberg lehrende Physiker Georg Matthias Bose (1710-1761) hob Johann Gabriel Doppelmayr als denjenigen hervor, welcher *der Elektrizität befohlen hat, die Sprache des Vaterlandes zu sprechen.*[1] Er selbst trug wesentlich dazu bei, ihre Bedeutung in Wissenschaft und Gesellschaft zu verankern, als er und der Leipziger Hochschullehrer Christian August Hausen (1693-1743) Hauksbees Elektrisiermaschine, die lange Jahre unverändert geblieben war, 1743 entscheidend weiterentwickelten. Musste der Experimentator vorher mit einem Leder oder einem Fell in der Hand die Glaskugel reiben, so diente jetzt dazu ein fest angebrachtes Reibekissen. Zudem ergänzten sie ihre Maschinen um den „Konduktor", eine Röhre aus Weißblech, die Elektrizität speichern konnte, so dass größere Ladungen abzugreifen waren. Damit ließen sich

Elektrischer Kuss

jetzt längere Funken ziehen und attraktivere Experimente anbieten. So zeigte Bose, wie man mit dem elektrischen Funken Schießpulver entzünden kann und erfand das neckische Spiel mit dem elektrischen Kuss, bei dem beide Partner beim Berühren der Lippen elektrisiert werden. Für die Gräfin Brühl schrieb er dazu sogar ein Gedicht:

Ein aussereintzigmahl versucht ich es, und nahm
Der Venus einen Kuß, doch Himmel wie bekam
Mir solcher Frevel-Muth. Es schien, ein schmetternd Stechen
Verdrehte fast den Mund. Die Zähne wollten brechen ...
So rast ein Zitterschmertz ihm nauf in das Gehirne.
Die Zähne brechen fast. Es schmettert die Stirne.[2]

Hausen verstarb völlig unerwartet im Mai 1743. Die Nachfolge trat sein Leipziger Professorenkollege Johann Heinrich Winkler (1703-1770) an. Er übernahm dessen gesamtes elektrisches Inventar und arbeitete sich in nur zwei Wochen in das Experimentieren mit der Elektrizität ein. Nicht lange darauf besuchten Mitglieder der sächsischen Fürstenfamilie die Leipziger Universität und ließen sich dabei auch elektrische Versuche vorführen. Unter den hohen Gästen befand sich der junge Prinz und spätere Kurfürst Friedrich Christian (1722-1763). Der Besuch der Fürstenfamilie sprach sich in Adelskreisen herum und in den folgenden Monaten kamen weitere hochgestellte Personen zu Winklers Vorführungen nach Leipzig, u. a. Erzherzogin Maria Anna aus Österreich und Prinz Carl aus dem Hause Lothringen. Die Zeitungen berichteten, welch großes Vergnügen die elektrischen Vorführungen den hohen Gästen und deren Gefolge bereiteten. Das wiederum erweckte das Interesse für die Elektrizität in bürgerlichen Bevölkerungskreisen. Winkler hielt fest: *Ganz Leipzig war hierdurch auf das neue ermuntert worden, das Sonderbare der Electricität kennen zu lernen. In allen Gesellschaften wurde erzählt, mit was für Vergnügen dasselbe von Ihro Königlichen Hoheit der Erzherzogin, und Dero Gemahls, des Prinzen Carls Hochfürstlichen Durchlauchtigkeit, wäre betrachtet worden.*[3]

In Wien ließ sich am 6. Juni 1745 sogar Kaiser Franz I. (1708-1765), der Gemahl von Erzherzogin Maria Theresia (1717-1780), vom dortigen Professor und Jesuitenpater Joseph Franz (1704-1776) die elektrischen Versuche zeigen, wobei es dem Professor gelang, *den elektrischen Funken über eine Stangenkette von 5300 Wienerschuh* zu leiten.[4] Dabei habe es sich gezeigt, dass *der Funken nichts an Kraft verloren hat, obwohl ein heftiger Wind gegangen sei.*[5] Verschiedene Höfe und Institute bestellten jetzt bei Winkler und Bose Elektrisiermaschinen. Anderorts baute man sie nach den Zeichnungen in Winklers Buch nach.

Einen weiteren Auftrieb erhielt die Elektrizität 1745 durch die zufällige Entdeckung des Kondensators, bei dem zwei durch ei-

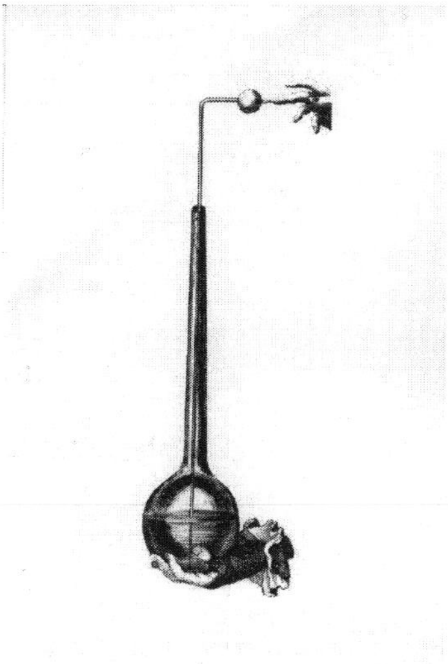

Leidener Flasche von Ewald Kleist

nen Isolator voneinander getrennte Leiterflächen sehr hohe elektrische Ladungen speichern können. Von diesem Prinzip ahnten der Domdekan Ewald Georg von Kleist (1700-1748) in der kleinen Stadt Camin in Pommern und der renommierte Physikprofessor Pieter van Musschenbroek (1692-1781) in der niederländischen Universitätsstadt Leiden noch nichts, als sie die erste unliebsame Erfahrung damit machten. Musschenbroek war damit beschäftigt gewesen, die elektrischen Eigenschaften von Flüssigkeiten zu untersuchen und hatte dabei versucht, Wasser in einer Glasflasche elektrisch aufzuladen, als plötzlich – wie er berichtete – *der Arm und der Körper in fürchterlicher Weise getroffen wurden, für die ich keinen Ausdruck finde. Ich dachte, es sei nun aus mit mir.*[6] Von dem Schock soll er sich erst nach zwei Tagen erholt haben. Kleist hatte vorher eine ähnlich schmerzhafte Erfahrung gemacht. Auch Winkler in Leipzig stellte das Experiment mit den Wasserflaschen erfolgreich nach und berichtete, dass sein Blut so stark erhitzt worden sei, dass er kühlende Arzneien habe nehmen müssen und Nasenbluten bekommen habe[7]. Erst der englische Arzt und Physiker William Watson (1715-1787) erkannte, dass es auf die Flüssigkeit gar nicht ankommt und man auf sie ganz verzichten kann. Am besten sei es, die Flaschen außen und innen mit Stanniol zu belegen. Da war die Elektrizität längst zum gesellschaftlichen Entertainment des Rokokos einerseits und zu einer Modewissenschaft andererseits aufgestiegen, der sich immer mehr Gelehrte, aber auch experimentierfreudige Amateurwissenschaftler aus allen Ständen zuwandten.

Parallelschaltung von Leidener Flaschen

Vorführung elektrischer Versuche

Neben einigen größeren weltlichen und einigen geistlichen Fürstentümern gab es damals in Deutschland viele kleine selbständige Territorien. Alle wussten, was sie ihrem Stande, dem Zeitgeist und dem höfischen Leben des Rokokos schuldig waren. So unterhielten selbst kleine Grafschaften einen farbenprächtigen Hofstaat mit einem Hofmarschall, adeligen und nichtadeligen Hof- und Forstbeamten, Kammerdienern, Hofdamen, Lakaien, Kutschern, Offizieren, Husaren, Grenadieren, Jägern, Förstern und Kammer-, Hof- und Stadtmusikern. Und warum sollte man gegenüber fürstlichen Höfen zurückstehen und sich nicht auch an elektrischen Vorführungen zur Unterhaltung der adligen Gesellschaften erfreuen. Die Herrschaften konnten sich dabei am Anblick leuchtender, knisternder Funken ergötzen und den Kitzel des Stromes selbst spüren, wenn sie sich elektrisieren ließen. Und wenn dabei der Funke zwischen einander berührenden Damen und Herren übersprang, hatte dies sogar einen eigenen, erotischen Reiz. Freude bereitete auch das Riechen an elektrisch geladenen Pomeranzenbäumchen aus Metall, das Entzünden von Weingeist oder wenn sich die Hofgesellschaft Händchen haltend in einer Reihe aufstellte und sich kollektiv mit dem *electrischen Feuer* übergießen ließ.

Bei der Entwicklung immer attraktiverer Versuche bewiesen besonders Georg Matthias Bose (1710-1761) und der französische Abt Jean-Antoine Nollet (1700-1770), der erste Professor für Experimentalphysik in Frankreich, große Phantasie. Bose ließ vor dem

Zeughaus in Berlin 18 Soldaten aufmarschieren, die sich an der Hand halten mussten und dann alle auf einmal einen elektrischen Schlag bekamen. Nollet soll dasselbe zur Belustigung des französischen Königs mit 180 Angehörigen der Garde und außerdem mit noch mehr Mönchen eines Kartäuser-Klosters praktiziert haben. Dass eine solche Entwicklung nicht von allen Seiten positiv oder gar lustig empfunden worden ist, mag das folgende Gedicht „Vom Electrisiren" des sächsischen Arztes und Dichters Daniel

Wilhelm Triller (1695 – 1782) verdeutlichen, das Mitte des Jahres 1747 in der in wöchentlichem Rhythmus in Nürnberg erscheinenden Schrift *Auszug aus der neuesten Weltgeschichte* abgedruckt ist:

Die Electricität ist jetzo weltbekannt,
Sie machet dich berühmt beym gantzen Vatter-Land
Und der Latein´schen Welt. Dieß allgemeine Fieber
Geht heut zu Tage fast bey keinem mehr vorüber,
Der ein Gelehrter heißt. Die Electicität!
Das ist das einzige , das jetzt im Schwange geht.
Ein schöner Spiel-Werck kann auf dieser weiten Erden
Als diese Rarität, nicht leicht gefunden werden.
Was man nur sieht und hört, was man nur fühlt und schmeckt,
Das wird electrisirt. Ein Fluß in Brand gesteckt!
Mann, Weib, Knecht, Magd und Vieh, die müssen noch im Leben,
Als wären sie verdammt, viel Funken von sich geben.
Von keinem Kusse wird mehr eine Lust verspührt,
Er sey dann nach der Kunst vorher electrisirt.
Ja man wird künftig nach Treu, Glauben und Gewissen,
Zucht, Tugend, Witz und Recht electrisiren müssen,
Wofern es gelten soll. Denn nichts ist heut mehr fein,
Es müsse dann vorher electrisiret seyn.
Ach liesse diese Kunst sich aus dem Felde treiben,
Wie manches Pulver-Faß könnt nicht zu Hause bleiben.

Der Herausgeber der Zeitung fügt noch als Kommentar hinzu: *Diese Spielerey hat noch kein Ende, ohne dass man einen Nutzen davon siehet. Doch Nutzen genug; Schlag-Flüß und hitzige Fieber!*[8]

Doch es ging noch weiter. 1749 berichtet Nollet in einem Brief an seinen deutschen Kollegen Gordon, dass er bereits einen Vogel und Fische durch Elektrisieren getötet habe und meint, dass sich *vor allem die schwangern Weiber und zärtlichen Personen vor diesen Versuchen hüten* müssen.[9]. Bald machten auch die ersten Gerüchte die Runde, dass Menschen beim Experimentieren mit der Elektrizität ums Leben gekommen seien. So berichtet der in Nürnberg herausgegebene, wöchentlich mehrmals erscheinende „Teutsche

Mercur" am 28. November 1750 von einem Carmeliter-Mönch aus Venedig, der dort wegen zu häufigen Experimentierens gestorben sei. Er sei zuerst gelähmt worden, *und endlich wollten die Hände nimmer greifen und die Füße nimmer gehen. Zuletzt blieb der Odem ganz aus.* Der Redakteur ergänzt: *„Der gelehrte Carmeliter ist nicht der erste Märtyrer des Electrisirens. Es haben schon viele andere so viel bekommen, dass sie darüber krumm und lahm und endlich kalt geworden."*[10] Mit solchen Berichten hängt es wohl auch zusammen, dass die Nürnberger beim Ableben von Johann Gabriel Doppelmayr 1750 auf die Idee gekommen sind, sein Tod sei die Folge eines Stromschlages gewesen, den er einen Monat zuvor beim Experimentieren mit einer Leidener Flasche bekommen haben soll, auch wenn dies vom damaligen Entwicklungsstand der Technik her gesehen unter Berücksichtigung der heutigen Erkenntnisse der Medizin äußerst unwahrscheinlich ist. Vermutlich ist er völlig unabhängig von seinen elektrischen Versuchen an den Folgen eines Schlaganfalls gestorben.

[1] *John Lewis Heilbron: Electricity in the 17th and 18th Century, Dover 1999, S. 263-272.*
[2] *Entnommen aus: Fritz Fraunberger, Illustrierte Geschichte der Elektrizität, Köln 1985, S. 71.*
[3] *Ebd.*
[4] *Anmerkung: 1 Wiener Fuß = 31,6 cm.*
[5] *Johann Heinrich Winkler: Die Stärke der Electrischen Kraft des Wassers in gläsernen Gefäßen welche durch den Musschenbroekschen Versuch bekannt geworden, Leipzig 1746, Vorrede.*
[6] *Stephen F. Mason: Geschichte der Naturwissenschaft, Deutsche Ausgabe, Stuttgart 1961, S.562.*
[7] *Joseph Priestley: The history and present state of electicity, London 1755, S. 56.*
[8] *Johann Gottfried Groß (Hrsg.): Auszug der neuesten Weltgeschichte auf das Jahr 1747, No 79, Nürnberg 1747, S. 540).*
[9] *Jean-Antoine Nollet: Versuch einer Abhandlung von der Eelctricität der Cörper, Erfurt 1749, S. 163.*
[10] *Johann Joseph Fleischmann (Hrsg.): Der teutsche Mercur, Ausgabe vom 28. November 1750, Nürnberg 1750, S. 753.*

Das Kondensatorprinzip

Mit der Leidener Flasche haben Ewald Georg von Kleist und Pieter van Musschenbroek unabhängig voneinander den ersten elektrischen Kondensator hergestellt, d. h. ein Bauelement, mit dem sich elektrische Ladung speichern lässt.

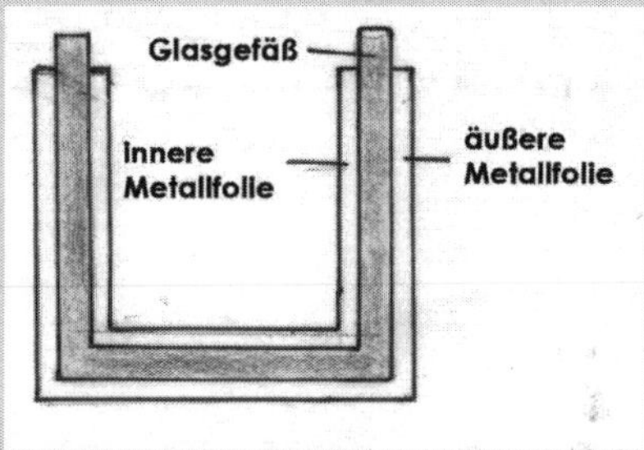

Schließt man einen Kondensator an eine Gleichstromquelle (z. B. Elektrisiermaschine) an, dann fließen von deren Minuspol (Elektronenüberschuss) Elektronen auf die eine Kondensatorplatte und gleichzeitig zieht deren Pluspol (Elektronenmangel) von der anderen Kondensatorplatte freie Elektronen ab. Dadurch werden die vorher neutralen Kondensatorplatten unterschiedlich geladen. Zwischen ihnen entsteht ein elektrisches Feld. Die Kapazität (Ladefähigkeit) des Kondensators ist dabei umso größer, je größer seine beiden Platten sind und je geringer deren Abstand voneinander ist. Die Kapazität steigt auch, wenn man Kondensatoren parallel schaltet, was man mit den Leidener Flaschen schon bald nach deren Erfindung gemacht hat.

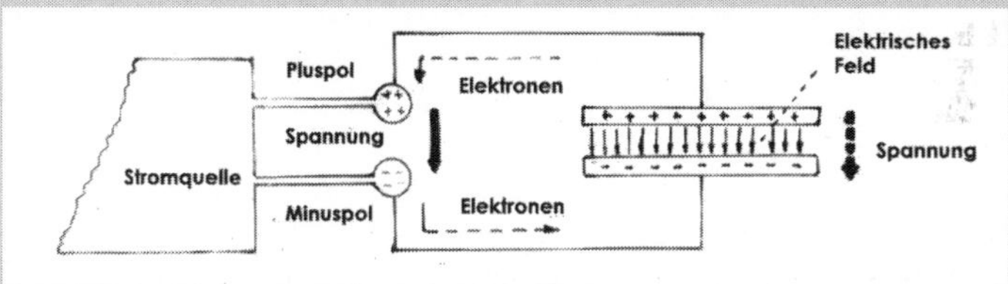

Trennt man einen Kondensator nach dem Laden von der Stromquelle ab, dann bleibt er geladen. Berührt man jetzt seine beiden Anschlüsse mit der Hand, dann bekommt man die gespeicherte Ladung zu spüren, denn der Kondensator entlädt sich über den menschlichen Körper.

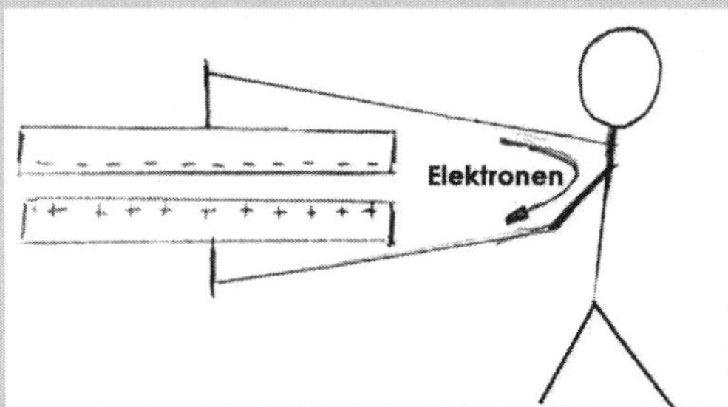

Kap 5 Georg Moritz Lowitz, die ersten Elektrotherapeuten und die naturwissenschaftlichen Schausteller

In Nürnberg erfuhr man von den Entwicklungen auf dem jungen Gebiet der Elektrizität nicht nur durch Doppelmayr und den Berichten in den Zeitungen, sondern auch durch einen jungen Mann aus Fürth, der sich seit 1744, dem Jahr der Veröffentlichung von Doppelmayrs Lehrbuch, mit der Elektrizität beschäftigte. Seither hatte er alle Informationen, die er über die neue Lehre erhalten konnte, gesammelt und *mit eigenen Sinnen* nachgeprüft,[1] d. h. er hat auch experimentiert. Die Versuchsgeräte konnte er wegen seiner handwerklichen Fertigkeiten selbst bauen. Er hieß Georg Moritz Lowitz (1722-1774), kam aus einer einfachen Drahtzieherfamilie, hatte nach dem Willen seiner Eltern das Goldschmiedehandwerk erlernt und dabei das große Glück, einen Lehrherrn gefunden zu haben, bei dem er auch Kenntnisse für den Bau mathematischer Instrumente erwerben konnte. Daneben eignete sich der hochbegabte junge Mann Kenntnisse in Physik, Astronomie und Mathematik an. Mit der öffentlichen Vorführung elektrischer Versuche dürfte er 1745 begonnen haben, denn schon 1746 war er damit so bekannt geworden, dass er sie „bei Hofe" zeigen durfte. Im Tagebuch des Grafen Ludwig zu Hohenlohe–Langenburg, der am 28. April 1746 seinen Vetter, den Grafen Hohenlohe-Neuenstein, in dessen Schloss in Öhringen besuchte, findet sich am gleichen Abend der Vermerk: *Vormittags trüb und kühl, nachmittag Sonnenschein, da wurden die Experimente von der Electrizität von H. Lowitz gezeiget.*[2] Lowitz schreibt später, dass er als 24-jähriger *die Ehre hatte, alle damals bekannten Versuche über die Electricität, denen beeden regierenden Herren Grafen von Hohenlohe-Neuenstein und Hohenlohe-Langenburg bey einer zahlreichen hohen Gesellschaft auf dem Schlosse in Oeringen vorzuweißen, und sie damit einen halben Tag lang in beständigen Vergnügungen zu unterhalten.*[3]

Dass die Grafen ausgerechnet Lowitz für eine solche Veranstaltung nach Öhringen holten, das von der Postkutsche aus Nürnberg auf deren Weg nach Heilbronn nur einmal in der Woche angefahren wurde, liegt vermutlich daran, dass sich Lowitz ohnehin in Öhringen aufgehalten hat, denn im gleichen Jahr heiratete er eine Bürgerstochter aus diesem Städtchen. Sein neuer Schwager Johann Michael Franz (1700-1761) war Teilhaber an der *Homännischen Landkartenoffizin* in Nürnberg, wo 50 Mitarbeiter Landkarten und Globen herstellten. Er holte Lowitz von Fürth nach Nürnberg, um hier im Rahmen einer eigens gegründeten, an

Georg Moritz Lowitz (1722-1774)

die Homännische Firma angegliederten „Cosmographischen Gesellschaft" zusammen mit dem Mathematiker Tobias Mayer (1723-1762) besonders große Erd- und Himmelskugeln von 1 Meter Durchmesser zu entwickeln und zur serienmäßigen Produktionsreife zu führen. Von deren Verkauf versprach man sich gute Geschäfte. Bislang produzierte Homann nur Globen von maximal 32 cm Durchmesser. Während dieser Entwicklungsarbeiten veröffentlicht Lowitz Schriften, in denen er Sonnenfinsternisse exakt vorausberechnet. Außerhalb seiner Erwerbstätigkeit hält er naturkundliche Vorträge, auch über die Elektrizität. Aus schriftlichen Unterlagen von ihm geht hervor, dass sich damals auch in Nürnberg *alle Liebhaber der Natur unserer Stadt mit diesem Vergnügen beschäftigten*. Überall habe man *die Werkzeuge zur Hervor-*

Sternwarte, die Lowitz zu betreuen hatte (Kupferstich von Johann Adam Delsenbach)

bringung der Electricität gesehen.[4] Als 1750 Johann Gabriel Doppelmayr stirbt, beruft der Nürnberger Magistrat Lowitz zu dessen Nachfolger als Lehrer am Egidischen Gymnasium. Mit dieser Anstellung bekommt er auch die Nürnberger Sternwarte übertragen.

Eine Patientin wir von einem Arzt elektrisiert.

Wie der Historiker Georg Andreas Will (1727-1798) in seinem Nürnberger Gelehrtenlexikon von 1755 berichtet, soll sich Lowitz auch der *medizinischen Electrisierkunst* gewidmet haben. Will schreibt, dass Lowitz Lahmen half und *auch an blinden Personen nicht ganz vergeblich arbeiten konnte*.[5] Tatsächlich hatte kurz nach Verbesserung der Elektrisiermaschine durch Hausen und Bose auch die Geburtsstunde der Elektrotherapie geschlagen; sieht man davon ab, dass schon die Ägypter zur Zeit der Pharaonen den Schlage des Zitterrochen als Mittel gegen Gicht und Kopfschmerzen nutzten, wozu sie die Fische auf die entsprechenden Körperstellen gelegt haben, ohne eine Ahnung zu haben, wie die eigenartigen Schläge zustande kommen. Später vermutete der römische Schriftsteller Cajus Plinius Secundus (61-113), dass bei diesem Fisch *eine Kraft vorhanden sei, welche bloss durch Geruch und eine gewisse Ausdünstung seines Leibes die menschlichen Glieder angreift.*[6] Jetzt berichtete man, dass Johann Heinrich Winklers Medizin-Kollege an der Leipziger Universität Samuel Theodor Quellmalz (1696-1758) mit Hilfe der Elektrizität 1744 zwei gelähmte Finger geheilt haben soll.[7] Schon bald kursierten weitere Nachrichten, wie durch das Elektrisieren Menschen von Lähmungen, Rheumatismus, Gicht, Veitstanz, Schwermut, notorischem Zittern oder Zahnschmerz befreit werden konnten. Zu den ersten Elektrotherapeuten zählt dabei auch Christian Gottlieb Kratzenstein (1723-1795), nach dessen Theorie die Elektrizität Schwefelteilchen aus dem Blut treiben würde, wodurch dieses gereinigt und der Körper geheilt wird.[8] Doch wie die Behandlungen mit der Elektrisiermaschine und Leidener Flaschen andernorts abgelaufen sind, schildert der in Regensburg praktizierende Stadtarzt Johann Gottlieb Schäffer (1720-1795) in seiner 1752 verfassten historischen Darstellung über die elektrische Medizin, in der er eine lange Reihe von erfolgreichen Behandlungen auflistet. Er schreibt, dass bei allen der Puls steigt, auf der Haut *bald stechende und brennende, bald stossende und erschütternde Empfindungen* entstehen und dort, *wo Funken erreget worden, sich auf der Haut zuerst weiße Flecken zeigen, die dann rot würden wie Flöhbisse* oder *als wenn der Theil mit Brennnesseln wäre gehauen worden.* Zuweilen würden auch die Arme und Füße erschüttert, so dass man die Knie nicht still halten kann, die Brust zusammenziehe und der Atem kurz gehe. Des Öfteren finge auch *der erschütterte Theil anzu dunsten und zu schwitzen.* Manche bekämen während des Elektrisierens Kopfschmerzen und Nasenbluten. Der Professor Habicht aus Breslau habe *eines Gymnasiasten ganzen Körper erschüttert, besonders aber das Haupt, dass die Zähne geklappert, die Lippen sich verzogen, und das ganze Gesicht feuerroth geworden* [9]. Kritisch mit dieser Frühform der Elektromedizin setzt sich der in Nürnberg erscheinende Teutsche Merkur auseinander. Nach einer Meldung über einen mährischen Geistlichen, der durch Elektrisieren Lahme und Blinde geheilt haben und sogar einer Frau zu ihrem verlorenen Gedächtnis zurückgeholfen haben soll, kommentiert der Redakteur mit leichter Ironie: *Die Lahmen gehen und stehen; die Blinden sehen, ja die Tummen kommen zu dem Gedächtniß, und vielleicht kann man Witz und Verstand in die Köpfe hinein electrisiren.*[10]

Wie und wo Lowitz seine Patienten behandelt hat, ist nicht überliefert. Doch mit der Elektrizität hat er sich konsequent weiter beschäftigt. 1754 lädt er zu neuen Vorträgen ein. Er verspricht nicht nur Belehrung, sondern auch Vergnügen, d. h. er nimmt das vorweg, was man in der Erwachsenenbildung heute „Infotainment“ nennt. Und er sichert zu, dass für die Besucher keine Gefahren entstehen. Es würde auch niemand gegen seinen Willen elektrisiert, sondern nur *der sich selbst dazu anbiethet; und auch dieser wird es nur in dem Grad der Stärke erlangen, von welchem ich versichert bin, dass in dessen Gemüthe keine Unordnung erreget werde.*[11] Für Frauen macht Lowitz ein eigenes Angebot. Zwar stellt er in seiner Einladung fest, dass *das schöne Geschlecht öfters in seinem Geiste den Geist der Männer übertrifft,* aber er kündigt an, dass er in den Vorlesungen für Frauen das *Tiefsinnige* weglassen werde und nur so viel bringen werde, wie *zur Vorweisung der Versuche selbst gehöret.*[12] Von den Frauen verlangt er auch nur den halben Preis, nämlich 1,5 Gulden für eine Vorlesungsreihe an mehreren Abenden. (Für 1,5 Gulden bekam man damals 8 kg Rindfleisch.)

1775 verlässt Lowitz Nürnberg, denn bei der Entwicklung großer Globen für die „Homännische Landkartenoffizin“ stellen sich ganz offensichtlich große zeichentechnische, konstruktive und in der Folge auch finanzielle Schwierigkeiten ein. Sein Schwager Johann Michael Franz hatte deshalb mit der Regierung des Königreiches Hannover Kontakt aufgenommen und dabei angeboten, die Weltkugelfabrik einschließlich qualifizierter Mitarbeiter und deren Know-how nach Göttingen zu verlegen, wenn man dort die weitere Entwicklung des Projektes subventionieren würde. Die Norddeutschen stimmten zu, denn der Wissenstransfer aus Nürnberg schien zukunftsträchtig zu sein. Franz und Lowitz wurden deshalb an die Universität Göttingen als Professoren der Philosophie berufen, Franz für Geographie und Lowitz für „practische Mathematik“. Aber trotz großzügiger Mittelzuwendung ging die Arbeit an den Weltkugeln nicht recht voran, und als Lowitz auch noch mit der Universität Ärger bekommt, weil man ihn nicht zum alleinigen Leiter der dortigen Sternwarte bestellt hat, legt er 1763 verärgert seine Professur nieder. Er knüpft an eine alte Verbindung zur Kaiserlichen Akademie der Wissenschaften in St. Petersburg an, die ihn schon 1754 die Mitgliedschaft angeboten hatte, und zieht mit seiner Familie – er ist zum zweiten Male verheiratet – nach Russland. Dort erledigt er Vermessungsaufgaben am Uralfluss, ehe er 1771 vom Zarenhof mit Himmelsbeobachtungen und Landvermessungen am Zusammenfluss von Wolga und Don beauftragt wird. Als er und sein Mitarbeiterstab schon einige Jahre damit beschäftigt sind, bricht in dieser Gegend ein vom Donkosaken Jemeljan Pugatschew (hingerichtet 1775) angeführter Aufstand aus. Trotz eindringlicher Warnungen aus St. Petersburg weigert sich Lowitz 1774, nach St. Petersburg zurückzukehren. So kommt es, dass er im August desselben Jahres von den aufständischen Rebellen gefangen genommen, mit Spießen durchbohrt und dann aufgehängt wird.[13] Die Geschichte dieses Aufstandes schrieb ein halbes Jahrhundert später der große russische Dichter Aleksandr Puschkin (1799-1837) nieder. Dabei erwähnt er auch Lowitz Tod: *Pugatschew floh längs dem Ufer der Wolga. Hier begegnete er dem Astronomen Lowitz und fragte, was das für ein Mensch sei; als er hörte, dass Lowitz die Bewegung der Himmelskörper beobachte, befahl er, ihn den Sternen näher zu hängen.*[14]

Dafür, dass nach dem Wegzug von Lowitz aus Nürnberg weiterhin elektrische Vorführungen in der freien Reichsstadt gezeigt wurden, sorgten im schulischen Rahmen der Theologe und Lehrer für Experimentalphysik am Egidischen Gymnasium Johann Conrad Löhe (1723-1769), im privaten Bereich sogenannte „Liebhaber der Elektrizität" und auf besonders spektakuläre Weise die seit der Erfindung der Laterna Magica und der Vakuumluftpumpe im 17. Jahrhundert durch die Lande ziehenden naturwissenschaftlichen Schausteller, die mit der Erfindung der Elekrisiermaschine eine neue Attraktion gefunden hatten. Löhe, der als Angehöriger einer dem Pietismus verbundenen Pfarrergeneration die Naturlehre ausdrücklich zum Ruhme Gottes betrieben hat, führte in der Tradition von Doppelmayr und Lowitz seit 1764 neben seinem Schulunterricht auch öffentliche Experimentalvorlesungen durch. Er verfasste auch Schriften zur Popularisierung der Naturwissenschaften. Mit seiner seit 1766 erscheinenden Wochenschrift „Die Ehre Gottes aus der Betrachtung des Himmels und der Erde" versuchte er zugleich aufzuklären und zu Gott zu führen, d. h. *vernünftige Christen* heranzubilden. Nach Löhes frühzeitigem Tod übernahm einer seiner eifrigsten Schüler, der gelernte Uhrmacher Johann Christoph Heppe (1745-1806), der selbst nicht studiert hatte, seine Experimentalausrüstung und hielt fortan selbst Vorträge. Für einen Gulden pro Monat konnte man sich anmelden. Heppe brachte seit 1776 auch einen volksaufklärerischen Kalender heraus, der für Bauern und einfache Leute bestimmt war.[15]

Die „Liebhaber der Elektrizität" gehörten meist dem neuen Bildungsbürgertum an, für das auch naturwissenschaftliches Wissen eine Rolle spielte. Nicht wenige legten sich „Physikalische Kabinette" zu, die in ihrem Prestigewert einer guten Privatbibliothek nicht nachstanden. Beim Umgang mit der Elektrisiermaschine konnten sie mit funkensprühenden Spielereien nicht nur unterhalten und beeindrucken, sondern sich auch als Amateurforscher gleichrangig mit den Physikern an der Spitze bei der Suche nach neuen Erkenntnissen sehen. Die Geräte, die sie brauchten, stellten „Mechanici" bzw. „physikalische Künstler" her, von denen es in

Nürnberg für die Herstellung von Glasaugen über die Produktion von Mikroskopen bis hin zu mathematischen Instrumenten eine ganze Reihe gab. Einige von ihnen, wie Samuel Bischoff, scheinen sich im Laufe der Zeit auf die Herstellung elektrischer Geräte spezialisiert zu haben.

Die naturwissenschaftlichen Schausteller zogen zwar wie Schauspielgruppen, Zauberer oder Gaukler von Stadt zu Stadt, erhoben aber den Anspruch, das Publikum nicht nur zu amüsieren, sondern auch mit Neuem und Nützlichen zu belehren. Sie präsentierten sich auch nicht auf Jahrmärkten oder Rummelplätzen, sondern mieteten sich mit ihren „Naturalienkabinetten" oder „Kunstkabinetten" in renommierten Gasthöfen ein, wo sie ihre Kunststücke theatralisch als Mischung von Zaubertricks und Experimenten

Unterhaltsamer physikalischer Vortrag

vorbrachten. Ihnen kam zu Gute, dass die Elektrisiermaschine seit Mitte der 1750er Jahre mit der Erfindung der Influenzmaschine immer weiter entwickelt worden war und schon gewaltige Spannungen von einigen 100.000 Volt erzeugen konnte. Einer der bekanntesten unter ihnen war Martin Berschitz aus Wien, der es mit seinen physikalischen Kunststücken zu circensicher Vollendung gebracht hatte. In den Einladungsflugblättern, die er verteilen

Elektrisierer auf Jahrmarkt

ließ, nennt er vorab die fürstlichen Höfe, die ihm Belobigungen ausgesprochen haben, und zählt auf, welchen Akademien er angehört und welcher *Monarchen Augen* durch seine Künste *belustigt worden sind.* Dann listet er die *Wunderstücke*, die er zeigen will, der Reihe nach auf und beschreibt sie recht werbewirksam. So kündigt er u.a. an:

- Ein Experiment, das zeigt, dass das elektrische Feuer eine solche Stärke hat, dass man auf einen Schlag oder Streich das stärkste Pferd oder Ochsen todt schlagen kann.
- Das Experiment, durch welches der Professor Richard zu Petersburg durch den Ableiter von dem Donner ist erschlagen worden.
- Einen elektrischen Funken in der Länge von 12 französischen Schuh, um damit denen Hrn. Liebhabern ein großes Vergnügen zu verschaffen.[16]

Die etablierten Physiker an den Universitäten verachteten die Schausteller als „unseriöse, gemeine Elektrisirer", auch wenn sie mit einem gewissem Neid auf deren Geräte und experimentelles Geschick blickten – und vor allem auf den dadurch bedingten Zulauf des Publikums. Neben den reisenden Experimentatoren gab es auch echte Scharlatane, die sich in betrügerischer Weise optischer, akustischer, magnetischer und elektrischer Tricks bedienten, um den Leuten das Geld aus der Tasche zu ziehen. Als einer der berüchtigtsten unter ihnen gilt der Sohn eines Nürnberger Weinwirts und Rathausvogtes, Johann Georg Schröpfer (1738-1774), der vor allem in Leipzig in einer Mischung aus christlicher Andacht und freimaurerischem Ritual spiritistische Sitzungen inszenierte, bei denen er die Geister Verstorbener anrief und erscheinen ließ.[17] Der junge Goethe nannte ihn in seinem 1776 uraufgeführten Lustspiel „Die Mitschuldigen" das *sächsische Gespenst* [18]und Schiller gab er später Anlass für einen unvollendeten Schauerroman „Der Geisterseher", in dessen Mittelpunkt die elektrisch unterstützte und durch eine Laterna Magica realisierte Inszenierung einer Geistererscheinung steht.

[1] *August Häußler: Georg Moritz Lowitz, in: Fürther Heimatblätter 1941, S. 15 – 23.*
[2] *Archiv Langenburg, Privatregistratur B 24.*
[3] *Stadtbibliothek Nürnberg, Nor. 6066 8$^{0.}$*
[4] *Stadtbibliothek Nürnberg, Nor. 6066 8$^{0.}$*
[5] *Georg Andreas Will: Nürnbergisches Gelehrtenlexikon, II. Teil, Nürnberg und Altdorf 1755, S. 510 f.*
[6] *Caius Plinius Secundus: Naturgeschichte, übersetzt von Prof. Dr. G. C. Wittstein, Leipzig 1881, 2. Band, S.245.*
[7] *Joh. Gottlieb Schäffer: Die electrische Medizin oder die Kraft und Wirkung der Electricität in dem menschlichen Körper und dessen Krankheiten, Regensburg 1766, Nachdruck Lindau 1977, S. 42.*
[8] *http://www.uni-regensburg.de/ fakultaeten/phil_I/Philosophie/Wissenschaftsgeschichte118/119.*
[9] *Joh. Gottlieb Schäffer: Die electrische Medizin oder die Kraft und Wirkung der Electricität in dem menschlichen Körper und dessen Krankheiten, Regensburg 1766, Nachdruck Lindau 1977.*
[10] *Der Teutsche Mercur, Ausgabe vom 11. Sept. 1754, Nürnberg 1754, S. 595.*
[11] *StB Nürnberg, Nor. 6066 8$^{0.}$*
[12] *StB Nürnberg, Nor. 6066 8$^{0.}$*
[13] *Christian Gottlieb Jochner: Allgemeines Gelehrten Lexikon, 13. Band, Hildesheim 1961.*
[14] *Aleksandr S. Puschkin:, Geschichte des Pugatschew`schen Aufruhrs, Stuttgart 1840, S. 211.*
[15] *Georg Seiderer: Formen der Aufklärung in fränkischen Städten, München 1997, S. 385.*
[16] *Einladungsflugblatt von Berschitz im Archiv des Germanischen Nationalmuseums Nürnberg HB 25103.*
[17] *Friedrich Nicolai: Beschreibung einer Reise durch Deutschland und die Schweiz im Jahre 1781, erster Band, Berlin und Stettin 1783, Beilage XI.6.*
[18] *Johann Wolfgang von Goethe: Werke, Hamburger Ausgabe, Band 4, Hamburg 1966, S. 58 und Anmerkung des Hrsg. S. 482.*

6. Kap War Lowitz ein fränkischer Franklin?

Seit er 1750 die Nachfolge von Johann Gabriel Doppelmayr als Lehrer am Egidischen Gymnasium und Leiter der Nürnberger Sternwarte angetreten hatte, wohnte Georg Moritz Lowitz in einem hochaufragenden, viergeschossigen Bürgerhaus ganz oben in der Stadt, dem „Toplerhaus“, gleich unterhalb der Burg. Dort soll er wie der berühmte Benjamin Franklin im Sommer 1752 das elektrische Feuer von Himmel geholt haben. Es finden sich zwar keine Quellen dafür außer einem Einladungsflugblatt vom Mai 1754, mit dem Lowitz die *Herren Liebhaber derer electrischer Erscheinungen* nach längerer Pause wieder einmal zu einer Experimental-Vortragsreihe *sieben Wochen lang zween Tage in der Woche* einlädt. Dort schreibt er: *Es ist vielen bekannt, daß ich im Sommer des 1752sten Jahres die Aehnlichkeit des electrischen Weesens mit dem*

Lowitz wohnte in sog. „Toplerhaus" unterhalb der Nürnberger Burg.

Weesen des Blitzes durch meine eignen Wahrnehmungen bestätigte, die ich in meiner Wohnung, welche ... in unserer Stadt am bequemsten lieget, mit Fleiße angestellet habe.[1]

Den Blitz hatten die Menschen aller Kulturen seit jeher für das Werk von Dämonen oder ein Himmelsfeuer von überirdischen Wesen gehalten, oft auch als Zeichen göttlichen Zornes. So berichtet die Bibel, dass Aarons Söhne wegen eines falschen Brandopfers von Gott hart bestraft worden seien: *„Da fuhr ein Feuer aus von dem HERRN und verzehrte sie, dass sie starben vor dem HERRN"*.[2] Eine natürliche Ursache der Gewitter, losgelöst von Götterglauben, Dichtung und Mythen, versuchten erstmals die antiken griechischen Philosophen zu finden, etwa Aristoteles (384-322 v. Chr.), dessen Vorstellung über den Blitz als Folge brennbarer, von der Erde herrührender Dünste noch im 18. Jahrhundert die Blitztheorien prägte. So geht der Arzt Friedrich Leberecht Supprian (1723-1789) in einer Abhandlung von 1746 davon aus, dass in der Luft auch Feuer als eine flüssige Materie vorhanden sei, die wegen ihrer Leichtigkeit schneller als die Luft zusammen mit den verschiedensten Ausdünstungen u. a. von *Wässern, morastigen Orten, Gottesäckern, Schindangern, Gerichtsstätten* aufsteigt. Auch Menschen und Tiere dünsteten stark aus. All diese Dünste würden Schwefel enthalten. Wenn sie sich beim Aufsteigen häufen, was insbesondere durch dunkle Wolken begünstigt würde, dann könnten sie sich wie feuchtes Heu mit Hilfe des Feuers entzünden, was dann als Blitz wahrgenommen wird.[3] Dabei war der Blitz schon Jahrzehnte zuvor von einzelnen Naturforschern mit dem Knistern der elektrischen Funken verglichen worden, etwa vom englischen Geistlichen William Wall (1647-1728), der 1708 in den Philosophical Transactions, der Zeitschrift der Royal Society, die Vermutung äußerte, dass es sich beim Blitz um ein elektrisches Phänomen handeln könne.[4] Auch Stephen Gray hatte den elekt-

Benjamin Franklin

rischen Funken mit dem Blitz in Zusammenhang gebracht.[5] Und ein Jahr vor Erscheinen von Supprians Werk hatte sich Johann Heinrich Winkler ausführlich mit Blitz und Donner befasst. Er war dabei klar von einer elektrischen Ursache des Gewitters ausgegangen.

Von solchen in Europa angestellten Überlegungen erfuhr der in Philadelphia, der größten Stadt der englischen Kolonie Pennsylvania, lebende Schriftsteller, Zeitungsverleger und Politiker Benjamin Franklin (1706-1790) aus einem Artikel in einer französischen Zeitschrift, die ihm sein Freund Peter Collinson (1694-1768) aus London zugesandt hatte. Collinson, ein Mitglied der Royal Society, besorgte für Franklin Bücher zum Aufbau einer öffentlichen Bibliothek in Philadelphia. Franklin, der zu den Unterzeichnern der amerikanischen Unabhängigkeitserklärung von 1776 gehören sollte und zu seiner Zeit der in Europa bekannteste Amerikaner gewesen ist, populärer als der erste Präsident George Washington (1732-1799), interessierte sich für die Elektrizität, seit er 1743 die Vorführungen eines reisenden Schaustellers aus Edinburgh erlebt hatte. Dieser führte einem staunenden Publikum den von Stephen Gray ausgedachten und im Buch von Doppelmayr abgebildeten Versuch mit einem an Stricken hängenden Knaben vor. Franklin beließ es nicht bei der Theorie, sondern wurde zum einfallsreichen Experimentator. So berichtet er Peter Collinson 1748 von einem von ihm arrangierten Fest am Fluss Skuylkil, bei dem vom gegenüber liegenden Ufer aus Weingeist elektrisch entzündet und für das Gastmahl ein Hahn durch einen elektrischen Schlag getötet wurden, ein elektrischer Bratenwender Anwendung fand, die Gäste beim Trinken aus geladenen Pokalen elektrisiert wurden und elektrische Kanonen Salut schossen.[6] Zur vermuteten Identität von Blitz und Elektrizität schlägt Franklin 1749 in einem Brief an Collinson ein Experiment vor, das dieser zusammen mit anderen Briefen Franklins 1751 in England veröffentlicht. Es ist als „Schilderhausversuch" in die Geschichte eingegangen. Franklin schreibt: *Die Frage aufzumachen, ob die Wolken, welche Blitze enthalten, elektrisch oder nicht*

Dalibard führt Franklins Schilderhausversuch durch.

elektrisch sind? Will ich einen Versuch vorschlagen ... Man stelle ein Schilderhaus, welches so groß ist, dass es einen Menschen und einen elektrischen Schemel[7] fassen kann, auf die Spitze eines hohen Thurmes oder Gerüstes. Aus der Mitte des Schemels lasse man eine eiserne, zwanzig oder dreyßig Fuß lange, und an dem obern Ende scharf zugespitzte Stange, aufwärts gebogen durch die Thüre in die Höhe gehen. Wird der Schemel trocken gehalten, so wird der Mensch, welcher auf selbigen steht, indem dergleichen Wolken niedrig überhin ziehen, elektrisch werden, und Funken geben; weil die Stange das Feuer aus den Wolken ihm zuführet. Sollte man für den Menschen einige Gefahr besorgen: welches aber, wie ich glaube, nicht nöthig sein wird, so lasse man ihn nur auf den Boden seines Häuschens treten, und lasse ihn das rund gebogene Ende des Drahtes, dessen zweites Ende an abführende Körper befestigt ist, und welchen er vermittelst eines Handgriffes von Lack anfasst, zuweilen der Stange nähern. Sobald die Stange elektrisch wird, muß auf diese Weise der Funke der Stange in den Draht schlagen, und dem Menschen nichts thun.[8]

Dass der experimentierfreudige Franklin den Versuch nicht selbst durchführte, ist zwar verwunderlich, aber so blieb dieser Erfolg dem Botaniker und Physiker Thomas Francois Dalibard (1709-1778) vorbehalten, der Franklins Schriften, für die sich sogar der französische König interessierte, ins Französische übertragen hatte. Dalibard gelang das gegenüber Franklins Vorschlag leicht abgeänderte Experiment am 10. Mai 1752 in dem Dorf Marly nördlich von Paris.[9] Das sprach sich schnell in ganz Europa herum und andere wollten den Versuch wiederholen. In Deutschland war der Erfolg als erstem dem Feldarzt Christian Friedrich Ludolff (1701-1763) beschieden, der schon Jahre vorher der Preußischen Akademie der Wissenschaften und dem Adel elektrische Experimente vorgeführt hatte. Von seinem Versuch am 19. Juli 1752 in Berlin berichtete der in Nürnberg erscheinende „Friedens- und Kriegs-Courier" eine Woche später.[10] Kurz darauf vermeldet dieselbe Zeitung erfolgreiche Versuche von Georg Wilhelm Richmann (1711-1753) in St. Petersburg am 29. Juli und von Johann Heinrich Winkler in Leipzig am 18. August 1752.[11]

Dass auch Lowitz den Schilderhausversuch 1852 in Nürnberg nachgestellt hat, scheint auf jeden Fall viel wahrscheinlicher zu sein als die vielen Historikern sehr dubios erscheinende Geschichte von Franklins „Drachenversuch", den er zusammen mit seinem Sohn im Juni 1752 bei einem Gewitter durchgeführt haben soll. Zeugen hatte Franklin nicht dabei, und die Nachricht von diesem Versuch taucht erst fünfzehn Jahre später in einem Buch von Franklins Freund Joseph Priestley (1733-1804) auf, der ganz offensichtlich Franklin als denjenigen herausstellen wollte, der tatsächlich als erster das Feuer vom Himmel geholt hat. Franklin selbst hat den Drachenversuch nie bestätigt. Im Übrigen hätte ein einziger Blitz, der bei dem Gewitter in den Drachen gefahren wäre, die Person am anderen Ende der Drachenschnur erschlagen, so ähnlich, wie es später Professor Richmann in St. Petersburg ergangen ist. Dieser hatte 1745 mit Hilfe von Doppelmayrs Buch mit elektrischen Versuchen begonnen[12], verzichtete ab 1752 bei seinen elektrischen Vorführungen auf die Verwendung einer Elek-

Angeblicher Drachenversuch von Franklin und seinem Sohn

trisiermaschine und arbeitete nur noch mit dem Strom von der Eisenstange, wie der „Friedens- und Kriegs-Couriers" anerkennend berichtete: *„Also kann auch das Gewitter, so erschröcklich es uns ist, auch zum Vergnügen und als Lust-Feuer dienen."*[13] Dieses sorglose Experimentieren mit den Eisenstangen ging ein Jahr lang gut, bis Richmann am 26. Juli 1753 von einem gewaltigen elektrischen Schlag tödlich getroffen wurde. Während eines Ge-

Tod des Physikers Richmann im Jahre 1753

witters schlug der Blitz in die aufgestellte Eisenstange gerade in dem Augenblick ein, als der Professor das angeschlossene, von ihm entwickelte Elektrometer ablesen wollte. Die Leser des Friedens- und Kriegs-Couriers erfahren davon am 5. September 1753 und können dabei lesen, dass Richmann, der *sich bisher bemühet hat, die electrischen Versuche des Herrn Franklin mit dem Donner zu mehrerer Gewissheit zu bringen,* durch den *heftigen Donnerschlag* auf der Stelle getötet worden sei. Auf dem Haupte habe er nur einen kleinen, roten Fleck bekommen, die Füße seien aber ganz blau geworden.[14] Auch der in Nürnberg herausgegebene Teutsche Mercur berichtet von dem Unglücksfall und stellt kommentierend fest, dass es nun genug sei. *Herunter mit den eisernen Stangen von den Dächern, ehe mehrere Märtyrer der Electricität werden.* Die menschliche Forschung *hätte genug zu thun, wenn sie gleich dem Allmächtigen die Werkzeuge seiner Macht unausgeforschet ließe.* Der Redakteur glaubt allerdings selbst nicht, dass man seine Mahnung ernst nimmt, denn *welcher Mathematicus wird deswegen seine Gerüste, seine Stangen und Drähte wieder einziehen, wie ein unglücklicher Wirth seinen Schild vor seinem Hause!*[15] Vorsichtiger im Umgang mit der Himmelselektrizität ist man nach diesem Unfall allerdings schon geworden.

[1] Stadtbibliothek Nürnberg, Nor. 6066.80.
[2] 3. Buch Mose 10,2.
[3] Friedrich Leberecht Supprian: Vernünftige Gedancken von den Ursachen des Blitzes und dessen wunderbahren Wirckungen, Potsdam 1746, S. 13 und 21 ff.
[4] Phil. Trans. Vol XXVI, No 314, p. 69, zitiert in: Paul Fleury Mottelay, Bobliographical History of Electricity and Magnetism, London 1922, S. 152.
[5] John L. Heilbron: Elecricity in the 17th an 18th centuries, Berkeley 1979, S. 339.
[6] Hrg. J.C.Wilcke: Des Herrn Benjamin Franklins Briefe von der Elekticität, Leipzig 1758, S. 48/49.
[7] Anmerkung: Elektrische Schemel bzw. Isolierschemel waren gegenüber deren Untergrund durch Glasfüße isolierte Schemel, die die damaligen Experimentatoren verwendeten, um eine elektrisch leitende Verbindung von am Versuch beteiligten Personen mit der Erde zu verhindern.
[8] Benjamin Franklin: Gedanken und Muthmaßungen, von den Eigenschaften und Wirkungen der elektrischen Materie, aus denen Versuchen und Beobachtungen, die in Philadelphia im Jahre 1749 angestellet sind, in: J.C. Wilcke (Hrsg), Des Herrn Benjamin Franklins Briefe der Elektricität, Leipzig 1758, S. 88.
[9] Anmerkung: Bei diesem Versuch wird die Metallstange schon alleine dadurch geladen, dass sie in eine Gewitterwolke eintaucht. Der Einschlag eines Blitzes ist nicht erforderlich, sondern sogar sehr gefährlich für die am Versuch beteiligten Personen.
[10] Teutscher Ordinarius und Extraordinarius Friedens- und Kriegscourier vom 28. Juli 1752, Nürnberg 1752.
[11] Ebd. Ausg vom 25.8.1752 und vom 28.8.1752.
[12] John L. Heilbron: Elecricity in the 17th and 18th centuries, Berkeley 1979, S. 391.
[13] Teutscher Ordinarius und Extraordinarius Friedens- und Kriegscourier vom 01.09 1752 Nürnberg.
[14] Teutscher Ordinarius und Extraordinarius Friedens- und Kriegskurier vom 5.9.1753, Nürnberg 1753.
[15] Der Teutsche Mercur, Ausgabe vom 15. September 1753, Nürnberg 1753, S. 590.

Kap. 7 Der Blitz und das Wetterläuten

Hethitischer Wettergott mit Blitzgabel aus dem 8. Jahrhundert v.Chr. (Pergamon-Museum Berlin)

Was die Herren Doppelmayr und Lowitz davon gehalten haben, dass auch in Nürnberg bei Gewittern die Kirchturmglocken läuteten, wissen wir nicht. Aber seit alters her versuchten die Menschen nicht nur die mit dem Himmelsfeuer drohenden Götter durch Opfer und Gebete zu besänftigen, sondern auch die Wetterdämonen, welche mit Blitz und Donner ihr Unwesen treiben, durch Lärm zu verjagen. Im Christentum sah man den Blitz als ein Werkzeug von Gottes Strafgericht und flehte den Schöpfer und seine Heiligen um Gnade an. So hat auch der 22-jährige Jurastudent Martin Luther (1483-1546) 1505 inmitten eines schweren Gewitters in höchster Not und Todesangst die heilige Anna um Hilfe angerufen und gelobt, dafür ins Kloster zu gehen; ein Ereignis, ohne das es wohl nicht zur Reformation gekommen und die Weltgeschichte anders verlaufen wäre.

Zum Schutz von Haus, Hof und Ernte vor Unwetter und Blitzschlag sollten neben den Heiligen auch geweihte Zweige von Kirschbäumen und Haselnussstauden sowie Palmkätzchen helfen. Außerdem warf man beim Aufziehen eines Gewitters geweihte Kräuter ins Feuer. Seit dem Mittelalter war auch das „Wetterläuten" allgemein gebräuchlich, nicht nur als Aufforderung zum Gebet, sondern auch als Lärm zum Vertreiben von Dämonen, Hexen und anderen bösen Geistern, denen man nachsagte, dass sie Blitz und Donner lenkten. Die Vorstellung von Dämonen und Hexen als Ursache für Gewitter stand lange Zeit im Einklang mit der Lehrmeinung der Kirche. Genährt worden war sie auch durch den besonders im 16. und 17. Jahrhundert grassierenden Hexenwahn. In seinem berüchtigten Hexenhammer von 1487 beruft sich der Dominikanerprior, Inquisitor und Kölner Theologieprofessor Jakob Sprenger (1435-1495) ausdrücklich auf

Gemälde „Der Gottlosen Untergang" nach Psalm 68, Vers 3: „Wie Wachs zerschmilzt vor dem Feuer, so kommen die Gottlosen um vor Gott."

den Heiligen Thomas von Aquin. Weil nämlich nach der Darstellung des Alten Testaments Gott dem Teufel erlaubt hatte, Hiobs Knechte und Schafe durch vom Himmel fallendes Feuer zu vernichten,[1] schrieb der große Kirchengelehrte: *„Man muss notwendig gestehen, dass mit Gottes Zulassung die Dämonen eine Störung der Luft herbeiführen, Winde erregen und machen können, dass Feuer vom Himmel fällt."*[2] Als anschauliches Beispiel, wie Dämonen auf Geheiß von Hexen die Blitze lenken, zitiert der Hexenhammer eine Person, die – freilich unter Anwendung der Folter – gestanden hat: *„Zuerst flehen wir mit gewissen Worten auf den Feldern den Fürsten aller Dämonen an, dass er jemand von den Seinen sende .... Wenn dann ein bestimmter Dämon kommt, opfern wir ihm an einem Zweiwege ein schwarzes Küken, indem wir es hoch in die Luft werfen. Wenn der Dämon es nimmt, gehorcht er und erregt sofort die Luft. Aber freilich wirft er nicht immer Hagelkörner und Blitze auf die von uns bestimmten Plätze, sondern je nach Zulassung des lebendigen Gottes".*[3] Auch aus Franken gibt es entsprechende Berichte, so über Barbara Bauner, die bei der peinlichen Befragung 1590 gestanden hat, auf der *Leewiesen* bei Weißenburg Donner, Hagel und Blitz gemacht und damit von Weißenburg bis Höttingen das Getreide zerschlagen zu haben.[4]

Mesner wird vom Blitz getroffen.

Dass beim „Wetterläuten" der Blitz über das Glockenseil nicht wenige Kirchendiener erschlagen hat, scheint man als Fügung hingenommen zu haben. Den Mesnern selbst brachte das Wetterläuten eine zusätzliche Entlohnung ein. So ist einer Bürgermeisterrechnung aus Ochsenfurt im Bistum Würzburg aus dem Jahre 1745 zu entnehmen, dass der Kirchner Schröther für 27-maliges Gewitterläuten 3 Pfund, 18 Pfennig erhalten hat.[5] Doch war das Vertreiben der bösen Geister durch das Wetterläuten keinesfalls nur eine Angelegenheit ländlicher Gebiete. Auch in den Städten trugen Kirchenglocken entsprechende Inschriften, wie etwa die berühmte „Gloriosa" des Erfurter Domes von 1497: „*Fulgus arcens et daemones malignos*" (abwehrend die Blitze und bösen Geister). Die protestantische Kirche verhielt sich nach der Reformation zum Wetterläuten recht zwiespältig. In calvinistischen und in etlichen lutherisch gewordenen Staaten untersagte man das Wetterläuten generell, wie in Thüringen durch die Kirchenordnung von 1564 wegen *öffentlicher abgötterei und sünde wider das erste gebot.*[6].

In anderen zum neuen Glauben übergetretenen Gebieten zeigte sich geistliche Obrigkeit mit Rücksicht auf das einfache Volk großzügiger, so im Bereich der freien Reichstadt Nürnberg, die rein kirchlich zusammen mit den angrenzenden Markgrafschaften Brandenburg-Ansbach und Brandenburg-Bayreuth eine Einheit bildete. Hier gestattete man das Wetterläuten weiterhin als Gebetsruf.[7] Noch in den 1736 erstellten Dienstordnungen für die Kirchendiener von St. Lorenz, St. Sebald, St. Jakob, St. Egidien und anderen Nürnberger Kirchen wird das „Geläute zum Wetter" als Pflicht der Mesner ausdrücklich betont.[8] Zu einer eher seelsorgerlichen Rücksichtnahme auf die überkommene Volksfrömmigkeit war inzwischen der recht profane Grund gekommen, dass diese Sonderleistung für die örtlichen Kirchengemeinden zur Einnahmequelle geworden war. In ländlichen Gegenden erhoben sie dafür von den Bauern und adeligen Gutsherren jährliche Naturalleistungen, wie etwa das „ Läutkorn" oder „Läutlaibe".[9] In größeren Orten zahlten die Gläubigen einen „Wetterzehend", wie das in Nürnbergs Universitätsstandort Altdorf der Fall gewesen ist, wovon der Theologe Johann Salomo Semler (1725-1791) berichtet, der sich 1751 für einige Monate in Altdorf aufgehalten hat. Er schreibt: *Zu den besonderen Gewonheiten gehört auch noch, dass bey allen aufsteigenden Gewittern, hier, es sey bey Tage oder Nacht, alle Glocken geläutet wurden, weil die Kirche das Wetterzehend verdienen mus, dis hat uns manche Nacht um den Schlaf gebracht, ob es zum Zertheilen der Gewitter helfen kann, weis ich eben nicht.*[10]

Salomos Hinweis auf das mögliche Zerteilen des Gewitters deutet darauf hin, dass sich die Altdorfer Theologieprofessoren, die auch das örtliche Pfarramt leiteten, ihm gegenüber bemühten, das Wetterläuten nicht alleine pekuniär, sondern auch naturwissenschaftlich zu rechtfertigen. Tatsächlich stellten Naturforscher damals systematische Beobachtungen an, ob und wie das Wetterläuten die Gewitterwolken beeinflusst, d. h. ob es sie zerteilt oder vertreibt oder anzieht oder gar nicht beeinflusst. Dass man die Diskussion um das Abstellen des Gewitterläutens nicht nur in Altdorf weniger religiös, sondern mehr profan gesehen hat, zeigt auch ein Brief des evangelischen Pfarrers von Melkendorf am Weißen Main aus dem Jahre 1772: *Zu den Arbeiten des Schuldieners gehört vorzüglich mit das Läuten bei einem schweren und anhaltendem Donnerwetter. Ob nun schon dasselbe noch immer ein Überbleibsel eines alten Aberglaubens ist und gar höchstlich unterlassen werden könnte, so kann es doch nicht eingestellt werden, weil damit die Läutgarben, das Läutgetreide und das Läutbrot ... verknüpft sind und der Eigensinn des Pöbels gar bald Gelegenheit nehmen würde, nach seiner gewohnten Weise das Maul aufzusperren, ja jene Getreide(*abgaben*) sogar zu entziehen.*[11]

Es dauerte bis 1775, ehe auf dem Gebiet der freien Reichsstadt Nürnberg das Läuten während des Gewitters per Ratsbeschluss abgeschafft wurde. Nur bei herannahendem Gewitter und nach dessen Abzug durfte künftig geläutet werden, und das nur mit jeweils einer einzigen Glocke. Wohl aus einer entsprechenden Einschätzung der Praxis in kleineren Gemeinden weist der Rat ausdrücklich darauf hin, dass dies auch auf dem Lande zu beachten sei.[12] Im katholischen Bayern verbot Kurfürst Karl Theodor 1783 das Gewitterläuten, bald folgten Preußen, Österreich und verschiedene geistliche Territorien wie das Fürstbistum Augsburg und das Hochstift Würzburg.[13]

Andere waren mit einem Verbot noch sehr vorsichtig. So schlug nach einem Unglück im zum Bistum Bamberg gehörenden Herzogenaurach im Jahre 1797 die dortige Verwaltung dem Fürstbischof vor, dass, wie schon in vielen anderen Staaten, das Wetterläuten während des Gewitters abgestellt wird und *nur bey dessen Annäherung das Ave Maria geläutet, und wenn es vorüber ist, zur Danksagung nochmals geläutet werde.* Der Fürstbischof antwortet, dass auch er seit jeher einen Widerwillen gegen das Gewitterläuten gehabt habe, und *nur aus Nachsicht gegen das Vorurtheil des gemeinen Mannes bisher noch Anstand nahm, hierin ein Abänderung zu treffen*. Deshalb folgt er auch jetzt der Empfehlung seiner Berater und verbietet das Wetterläuten nicht, weil diese meinen, dies könne *unter dem Land Volcke leicht Gährung verursachen*. Er weist die Pfarrer und Seelsorger lediglich an, die *Schädlichkeit des Läutens während des Donnerwetters auf kluge und schickliche weise mittelst Vorstellung physischer Gründe und Anführung unläugbarer beyspiele, begreiflich zu machen*, um nach und nach *das tiefeingewurzelte Vorurtheil auf eine belehrende Weise zu beheben* und zu der gewünschten Lösung zu kommen.[14] Und der Passauer Bischof soll Landbewohnern 1798 sogar das vorher bereits untersagte Wetterläuten wieder erlaubt haben.[15] Überhaupt scheinen die Verbote besonders in katholischen Gegenden jahrelang immer wieder unterlaufen worden zu sein. Aber auch aus dem protestantischen Mitteldeutschland gibt es Berichte, dass dort das Volk unter Drohungen von den Pfarrern und Kirchendienern die Herausgabe der Schlüssel erzwang, um das Wetterläuten in eigener Regie durchzuführen.[16] Die Auseinandersetzungen ziehen sich weit in das 19. Jahrhundert hinein. Besonders pikant ist dabei der Widerstand von Mesnern, die nicht nur Gottes Zorn, sondern auch um ihre zusätzlichen, nicht unerheblichen Einnahmen beim Gewitterläuten fürchteten.

Doch im Laufe der Zeit dürften auch die letzten Kirchengemeinden ihren Frieden mit der Abschaffung des Wetterläutens gemacht gehabt haben, wenn sie auf die Läutgaben der Bauern auch lange nicht verzichten wollten und dies als *alten Brauch* aufrecht erhielten, wie etwa im oberfränkischen Pressek, wo die Kirchenverwaltung erst im März 1914 *die Umwandlung aller Reichnisse zum protestantischen Kirchendienst und Kantorat – Läutgarben, Läutkorn, Läutlaibe, Ostereier, Singeld, usw. – gemäß Art. 86 Abs 1 der Kirchengemeindeordnung"* in die *Erhebung einer 10 proz. Kirchenumlage* zur teilweisen Deckung der Ausgaben der Kirchengemeinde beschlossen hat.[17]

[1] Buch Hiob, Kapitel 1.
[2] Jakob Sprenger und Heinrich Institoris: Der Hexenhammer, Nachdruck der ersten deutschen Übersetzung, München 1982, S. 154.
[3] Ebd., S. 156.
[4] Zusammenfassung von Birke Grießhammer, Staatsarchiv Ludwigsburg, B 262 Bü 56-61.
[5] Barbara Goy: Aufklärung und Volksfrömmigkeit in den Bistümern Würzburg und Bamberg, Würzburg, 1969, S. 189.
[6] Thüringische Kirchenordnung 1564, in: Emil Sehling: Die evangelischen Kirchenordnungen des XVI. Jahrhunderts, 11. Band, Teil 1, Tübingen 1961, S. 741.
[7] Ebd. S. 741, Anmerkung 74.
[8] Landeskirchliches Archiv Nürnberg, PfA Nbg., St. Sebald Nr 282.
[9] Heimatbilder aus Oberfranken, Volkskundliche Vierteljahresschrift (Hrsg. Freiherrr von Guttenberg-Kolb-Walter), Januar – März 1915, München 1915, S. 48.
[10] Johann Salomo Semler: Lebensbeschreibung, erster Theil, Halle 1781, S. 167.
[11] Freiherr von Guttenberg-Kolb-Walter(Hrsg), Heimatbilder aus Oberfranken, Volkskundliche Vierteljahresschrift, , Januar – März 1915, München 1915, S. 48.
[12] Staatsarchiv Nürnberg, Rep 40 a, Reichsstadt Nürnberg, Landpflegeamt, Gemeinakten, S I, L 580; Nr. 1.
[13] Oliver Hochadel: Öffentliche Wissenschaft, Wien 2002, S. 148.
[14] Barbara Goy: Aufklärung und Volksfrömmigkeit in den Bistümern Würzburg und Bamberg, in: Quellen und Forschungen zur Geschichte des Bistums und Hochstifts Würzburg, Band 21, 1969, S.186.
[15] http://www.karl-heinz-hentschel.net/Gewitter2.html vom 26.09.2004.
[16] Oliver Hochadel: Öffentliche Wissenschaft, Wien 2002, S. 150.
[17] Freiherr von Guttenberg-Kolb-Walter(Hrsg),Heimatbilder aus Oberfranken, Volkskundliche Vierteljahresschrift, Januar – März 1915, S. 48.

Gewitter, Blitz und Blitzableiter

Die Luft der Erdatmosphäre, in deren unteren Bereich sich das Wetter abspielt, besteht im Wesentlichen aus Stickstoff und Sauerstoff neben Kohlendioxid und etlichen Edelgasen. Dazu kommt noch Wasserdampf, d. h. unsichtbares, gasförmiges Wasser. Je wärmer die Luft ist, desto mehr Wasserdampf kann sie aufnehmen. Sinkt bei mit Wasserdampf gesättigter Luft die Temperatur, dann kondensiert ein Teil des Wasserdampfes zu kleinen Wassertröpfchen (Nebel bzw. Nebelwolken).

Die Temperatur der Luft nimmt in der Erdatmosphäre von unten nach oben ab. Steigt feuchte, warme Luft nach oben, dann bilden sich dort durch den ausgeschiedenen Wasserdampf Wolken. Dieser Nebel kann sich zu Regen verdichten oder bei stark sinkenden Temperaturen zu Eiskristallen (Schnee) oder Graupeln. In Gewitterwolken, die sich bis über 10 km türmen, wo Temperaturen um minus 50 °C herrschen können, entstehen durch starke Aufwinde mit feuchter Luft Graupeln. Diese fallen nach unten durch einen Wolkenschleier aus schwebenden Eiskristallen oder unterkühlten Wassertröpfchen. Bei dieser gegenseitigen Berührung laden sich die Graupel und die schwebenden Teilchen entgegengesetzt elektrisch auf. (Ist die Temperatur am Ort der Begegnung niedriger als minus 15 °C, dann werden die Graupeln negativ und die schwebenden Teilchen positiv, ist die Temperatur höher als minus15 °C, dann ist es umgekehrt.) Werden die Graupeln negativ geladen, so hinterlassen sie eine positiv geladene Wolkenschicht von schwebenden Teilchen. Weiter unten werden die Graupeln wieder umgeladen, wodurch dort eine etwa 100 m starke, negativ geladene Wolkenschicht entsteht. Die noch weiter fallenden, jetzt positiv geladenen Graupeln laden auf ihrem weitern Weg untere Wolkenschichten noch positiv auf. Eine Gewitterwolke besteht also aus unterschiedlich stark geladenen Bereichen.

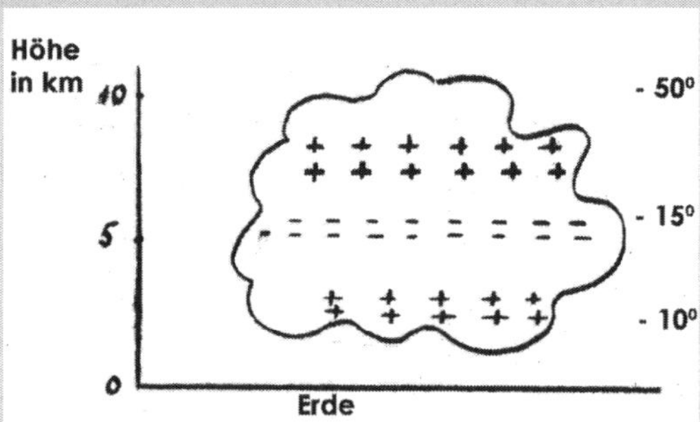

Gewitterwolke

Werden die Ladungsunterschiede sehr groß, dann entstehen Blitze zwischen den unterschiedlich geladenen Bereichen der Wolke oder zwischen der Wolke und der Erdoberfläche. Dem Blitz zur Erde gehen dabei kleinere Vorentladungen voraus, durch die viele Gasteilchen ionisiert werden und dadurch ein mit negativen Ladungen gefüllter Schlauch zur Erde entstehen kann, quasi ein Kurzschluss zwischen Bereichen mit einem extrem hohen Ladungsunterschied. Durch diesen Blitzkanal erfolgt die Hauptentladung, wodurch der Blitzkanal kurzzeitig auf eine Temperatur von etwa 30.000 °C erhitzt wird. Die Folge ist eine explosionsartige Ausdehnung der Luft, was wir als Donner wahrnehmen.

Neben der Vermutung, dass es sich beim Blitz um ein elektrisches Phänomen handelt, waren für Benjamin Franklins Idee der Ableitung von Elektrizität aus Gewitterwolken seine vorausgegangenen Untersuchungen über die Funkenentladung an spitzen Körpern mit entscheidend. Er hatte beim Experimentieren mit der Elektrisiermaschine festgestellt, dass beim Einsatz von Metallspitzen ein Funkenüberschlag viel eher geschieht als bei flachen Metallplatten. Die Ursache ist darin zu sehen, dass die Dichte der Ladungsträger in der Spitze höher ist als bei der flachen Platte und damit auch das elektrische Feld an den Spitzen sehr dicht ist. Dadurch treten freie Elektronen schon bei geringerer angelegter Spannung der Elektrisiermaschine aus dem Metallkörper aus und leiten die zum Ladungsausgleich zwischen den beiden Körpern notwendige Ionisation der Luftmoleküle ein, die zum Funken führt. Statt gegen eine geladene Metallplatte kann man den (spitzen) Metallkörper – etwa in Form eines langen Metalldrahtes – in Richtung einer schon ionisierten (und gegenüber der Erdoberfläche gegensätzlich geladenen) Luftschicht richten, was Dalibard mit einer von Franklin ausgedachten Metallstange

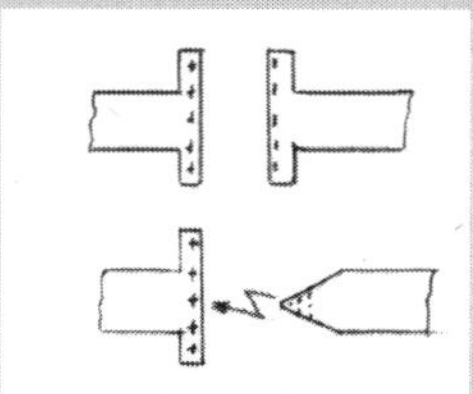

Metallplatten

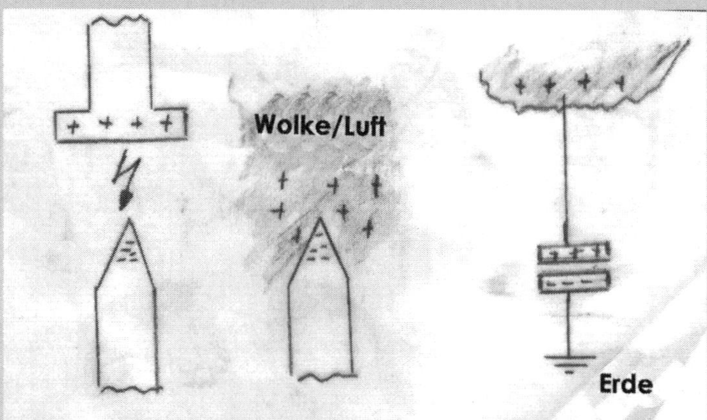

Spitzenentladung

Blitzableiter

1752 getan hat. Je nach der Stärke des Ladungsunterschiedes wird sich eine mehr oder weniger starke Entladung einstellen. Mit Hilfe eines Kondensator (Leidener Flasche) kann diese Energie auch gespeichert werden.

Dramatisch kann es nur werden, wenn zur gleichen Zeit Vorblitze aus Wolkenbereichen mit weit höherer Ladung den Weg für einen Hauptblitz bahnen und dazu im untersten Bereich den Metalldraht finden, an dessen Ende gerade ein Mensch hantiert. Auf diese Weise kam als erster Naturwissenschaftler Georg Wilhelm Richmann 1753 in St. Petersburg ums Leben.

Ein Blitzableiter bietet sich dem Blitz als Blitzkanal an. Er hält ihn nicht von Gebäuden ab, sondern bietet dem Blitz einen für das Gebäude ungefährlichen Weg zur Erde.

Kap. 8 Nürnberg verpasste den ersten Blitzableiter in Bayern

Nicht geerdeter, untauglicher Blitzableiter des Pfarrers Prokop Divis in Mähren 1754

Das Wetterläuten abzulehnen, hieß noch keineswegs, den Blitzableiter zu befürworten. Musste gerade den einfachen Menschen das Ansinnen, gegen den Blitz ein paar Eisenstangen als „Wetterableiter“ auf die Häuser zu setzen, als aberwitziger Eingriff in das ihr Denken bestimmende, von Aberglauben durchdrungene Weltbild als pure Gotteslästerung erscheinen, so kam bei den gebildeteren Stände hinzu, dass einzelne Wissenschaftler warnend den Zeigefinger hoben, weil ihrer Meinung nach die Metallstangen die Gewitter nicht abwehren, sondern geradezu anziehen und so die Gefahr eines Einschlages nur noch erhöhen würden.

Wo der erste Blitzableiter, der diese Bezeichnung tatsächlich verdient, gestanden hat, ist schwer zu sagen. Nach der experimentellen Bestätigung von Franklins Idee durch Dalibard im Jahre 1752 fand sie vor allem in Frankreich sehr schnell Widerhall. Die Nachricht von den Parisern, die ihre Häuser vor dem Blitz schützen wollten, erschien nicht nur in den europäischen Zeitungen, sondern bald auch jenseits des Atlantiks in Franklins „Pennsylvania Gazette", die im September 1752 meldete: *Paris, 5. August 1752. Mehrere vornehme Leute haben Eisendrähte auf den Dächern ihrer Häuser anbringen lassen, um sie vor Blitzschlag zu sichern.*[1] Ob diese Drahtgeflechte im Ernstfall tatsächlich gewirkt hätten, sei dahingestellt. Jedenfalls gibt es darüber keine Berichte. Als erste Blitzableiter, die ihre Nützlichkeit in der Praxis beweisen konnten, werden in der Literatur nicht sie genannt, sondern der auf dem Hause eines Kaufmanns in Franklins Heimatstadt Philadelphia. Bei einem Einschlag im Jahre 1760 schmolz lediglich ein Teil der Metallstange ab, das Gebäude selbst blieb unversehrt.[2]

Es wäre ungerecht, die Kirchen bei der Einführung des Blitzableiters nur in der Rolle einer beharrenden, sich gegen den Fortschritt stemmenden Kraft zu sehen, auch wenn dies für die breite Mehrheit der Gläubigen zutrifft. Im Kreise der Theologen gingen sowohl von der Sache her wie auch in der Frage des richtigen Umgangs mit der Volksfrömmigkeit der Gläubigen die Meinungen weit auseinander. Eiferten orthodoxe Kreise auf katholischer wie auch auf protestantischer Seite vehement gegen die eisernen „Ketzerstangen" als frevelhaften Eingriff in das Strafgericht Gottes, so waren nicht wenige Theologen der Naturwissenschaft sehr zugewandt, sei es als Hochschulprofessoren, Lehrer, Experimentatoren oder Autoren von entsprechenden Artikeln in Büchern und Zeitschriften. Auch ganz gewöhnliche Gemeindepfarrer fragten sich, warum Gott in seinem Zorne den Blitz so häufig ausgerechnet in die Türme seiner ihm gewidmeten Gotteshäuser fahren lassen sollte. Sie merkten auch mehr und mehr, dass die Gebäude und die besonders anfälligen Türme durch Blitzableiter tatsächlich geschützt werden können. So hatte schon 1760 der Eddystone-Leuchtturm im englischen Plymouth einen Blitzableiter bekommen und bald folgten welche auf Pulvermagazinen, vor allem nach der Explosion einer solchen Anlage durch Blitzschlag im August 1769 im norditalienischen Brescia mit einigen hundert Toten und weiteren dreitausend Opfern in der weiteren Umgebung.[3] Ein deutliches Zeichen setzte die Stadt Venedig 1776, als sie den Campanile di San Marco entsprechend ausstattete, der vorher immer wieder vom Blitz getroffen worden war.

Auch der erste Blitzableiter Deutschlands ist auf einem Kirchturm errichtet worden, nämlich 1769 auf dem der Jacobikirche in Hamburg. Durchgesetzt hatte dies allerdings kein Theologe, sondern gegen heftigen Widerstand aus der lutherischen Orthodoxie der sehr angesehene Arzt Johann Albert Heinrich Reimarus (1729-1814), der in Hamburg schon im Zusammenhang mit einer damals völlig neuartigen Schutzimpfungsaktion von Kindern gegen die Volkskrankheit Pocken bzw. Blattern in Erscheinung getreten war. Der Sohn eines berühmten Philosophen hatte 1767 nach einem Blitzeinschlag in den Turm der Hamburger Nikolaikirche begonnen, sich intensiv mit dem Blitz und der Elektrizität zu befassen. Seine zahlreichen Schriften machten ihn nach dem Bau des ersten Blitzableiters weit über Hamburg hinaus bekannt. So berichtet im Juni 1779 sogar im entfernten Kurfürstentum Bayern eine Zeitung ausführlich über einen Vortrag von Reimarus, in dem er aufzählt, dass in Hamburg inzwischen viele Kirchen, das Rathaus, die Börse, die Bibliothek, das Mehl- und das Pulvermagazin sowie verschiedene Wohnhäuser mit Blitzableitern ausgerüstet worden seien.[4]

In vielen Gebieten Deutschlands gab es um diese Zeit noch keinen einzigen Blitzableiter. Ganz anders war es in der Rheinpfalz, wo seit drei Jahrzehnten Kurfürst Karl Theodor (1733-1799) aus der pfälzischen Linie der Wittelsbacher regierte, den Goethe in „Dichtung und Wahrheit" als Förderer von Kunst und Wissenschaft preist.[5] Unter Karl Theodors Herrschaft war die Residenzstadt Mannheim zum Kulturzentrum geworden mit großem Theater (1782 wurden dort Schillers „Räuber" uraufgeführt) und einem Orchester, das in ganz Deutschland seinesgleichen suchte und von dem selbst der große Wolfgang Amadeus Mozart (1756-1791) bei seinem fünfmonatigen Aufenthalt von1777 bis 1778 begeistert gewesen ist. Mozart konnte in Mannheim auch die zahlreichen fünfzackigen Blitzableiter auf öffentlichen Gebäuden sehen, die Karl Theodor seit 1776 durch seinen Hofkaplan Johann Jakob Hemmer (1733-1790) hatte entwickeln und installieren lassen. Hemmer, der am Jesuitenkolleg in Köln Theologie und Philosophie studiert hatte, genoss auch unter Physikern, Meteorologen und Sprachwissenschaftlern einen guten Ruf. Als Leiter des Physikalischen Kabinetts des Kurfürsten hatte er diesem elektrische Versuche vorgeführt, als Sprachwissenschaftler arbeitete er an einer Reform der deutschen Rechtschreibung und hatte dafür sogar den Dichter Friedrich Gottlieb Klopstock (1724-1803) als Mitstreiter gewonnen. Ein Werk über den Blitzschutz verfasste er nach den von ihm geschaffenen orthographischen Regeln.

Noch vor Mannheim hätte nach einem Bericht des Pfarrers Ferdinand Roth (1748-1814) auch die freie Reichsstadt Nürnberg einen Blitzableiter bekommen können. Etwa um die Zeit, als der Rat der Stadt das Wetterläuten verboten hat, wollte ein Religionslehrer auf einem Haus neben der Lorenzkirche einen Blitzableiter installieren.[6] Das Vorhaben scheiterte aber am Protest eines Nachbarn. Weshalb der Nachbar dagegen war, ist nicht bekannt, aber im protestantischen Nürnberg dürften es um diese Zeit kaum mehr religiöse Gründe gewesen sein. Wie der junge Theologe hieß, ist nicht überliefert, aber es könnte der damals als Diakon bei St. Lorenz tätige Johann Konrad Harrepeter (1735-1795) gewesen sein, der sogar Experimentalvorlesungen über die Elektrizität bei dem berühmten Theologen und Physiker Jean-Antoine Nollet (1700-1770) in Paris besucht hatte.[7] Er gehörte zu den jungen Theologen, die Nürnbergs Universität Altdorf ab 1770 verließen und sich von der eher weltflüchtigen, pietistischen Frömmigkeit eines orthodoxen Protestantismus ab- und einer zeitgemäßeren Aufklärungstheologie zugewandt hatten.

Nach dem Scheitern des ersten Anlaufes sollte es noch zehn Jahre dauern, bis in Nürnberg der erste Blitzableiter zu sehen war. So hatte München unter den heutigen bayerischen Städten die Nase vorn. Hier hatte gemäß einem Hausvertrag zwischen den verschiedenen Wittelsbacher Linien nach dem ohne Erbfolger verstorbenen Kurfürsten Maximilian III. Joseph (1745-1777) der in Mannheim residierende kurpfälzische Karl Theodor zusätzlich die bayerische Regentschaft übernommen. Wie zuvor in Mannheim, ließ er im Juli 1781 in München von Johann Jakob Hemmer auf Schloss Nymphenburg die ersten Blitzableiterstangen setzen, im August 1781 weitere vier auf die Münchener Residenz. In der einschlägigen Fachliteratur ist zu lesen, dass dies zum Widerstand einiger Untertanen geführt habe und die Wetterstangen unter Waffenschutz aufgerichtet werden mussten.[8] Die Münchener Zeitungen wollten oder konnten über einen solch offenen Widerstand wohl nicht schreiben, aber das Intelligenzblatt fügt seiner Meldung vom Aufstellen der Blitzableiter an: *Nichts desto weniger gibt es doch noch manche Murrköpfe, die wider die Wetterableiter in tollem Unsinn eifern. Allein diese Denkungsart des Pöbels erstickt den Muth Naturkundiger nicht.*[9]

Der Schritt Karl Theodors wirkte trotz der Proteste ganz offensichtlich als Initialzündung. Auch der Ansbacher Markgraf Karl Alexander (1736-1806) ließ sich dazu animieren, auf sein Schloss und andere fürstliche Gebäude seiner Residenzstadt die ersten Blitzableiter montieren zu lassen. Dazu schickte er *auf herrschaftliche Kosten* einen Mitarbeiter seiner Bauverwaltung namens Nolte nach Mannheim, um sich bei Johann Jakob Hemmer im Blitzableiterbau instruieren zu lassen.[10] Noltes Blitzableiter sollen

Das Bild zeigt Wittwer mit Zirkel und Winkel als den Insignien der Freimaurer und mit einer Distel als der „Blitzpflanze" des germanischen Donnergottes Donar.

zwar von der Vorstellung Hemmers abgewichen und wegen ihrer schlechten Qualität in kurzer Zeit untauglich geworden sein, aber der Blitzableiterbau in Franken kam allmählich in Fahrt. Allein Johann Conrad Gütle (1747-1827), von dem noch ausführlicher berichtet werden wird, errichtete im Jahre l767 im Ansbacher Raum mehr als ein Dutzend Anlagen, darunter etliche Wohnhäuser, das Ansbacher Rathaus und Kirchen in Weidenbach, Leutenbach und Schlammersdorf.[11]

Dass es in Nürnberg immer noch keinen Blitzableiter gab, muss der Arzt Philipp Ludwig Wittwer (1752-1792), in Nürnbergs Gesellschaft wohl der am radikalsten denkende Aufklärer, als Schande empfunden haben. Ohne lange um Erlaubnis zu fragen, beauftragte er Gütle, auf das Dach seines Hauses neben der Lorenzkirche den ersten Blitzableiter in der Stadt zu setzen. Der Rat der Stadt erfuhr davon eher zufällig am Rande einer Sitzung am 30. April 1788, in der es darum ging, ob auf die Burg Reicheneck an der östlichen Grenze des Nürnberger Landes, deren als Pulvermagazin dienender Turm 1709 durch einen Blitzschlag zerstört worden war, auf Wunsch des dortigen Pflegers ein Wetterableiter gesetzt werden soll, wozu ein Plan und eine Kostenkalkulation von Gütle

Wittwers Haus (linker Bildrand) in einer Darstellung von 1841 (Der abgebildete Blitzableiter dürfte nicht mehr der ursprünglich von Gütle errichtete sein.)

vorlagen. Gegen den Blitzableiter hatten die Ratsherren im Prinzip nichts einzuwenden, aber der Preis erschien ihnen zu hoch.

Es sei zu prüfen, ob man für die Blitzschutzanlage nicht das im Schloss unbenützt herumliegende alte Eisen mitverwenden könne. Am Ende dieser Debatte ist dann von einem Ratsherrn der Hinweis gekommen, dass der Arzt Wittwer gerade dabei sei, auf sein Haus einen Blitzableiter installieren zu lassen. Der Rat beauftragte daraufhin das Bürgermeisteramt, bei Wittwer nachzufragen, ob er auch das Einverständnis der Nachbarschaft eingeholt habe.[12] Wittwer ließ den Blitzableiter am 2. Mai 1788 montieren und äußerte sich einen Tag später schriftlich zu der Anfrage. Er teilt dem Rat mit, dass die Nachricht, er wolle einen Blitzableiter aufstellen lassen, begründet sei. Die Unschädlichkeit desselben sei durch die tägliche Erfahrung bewiesen. Er hätte deshalb keinen Anlass gesehen, die Nachbarn zu fragen. Um Unannehmlichkeiten zu vermeiden, wolle er der Nachbarschaft aber umgehend Nachricht geben.[13]

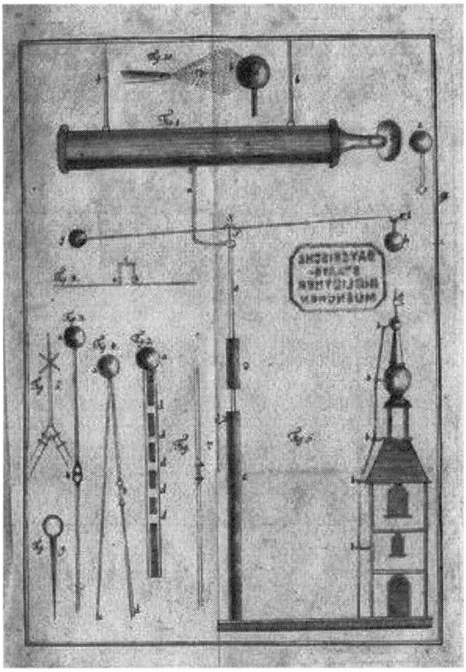

Seite aus einem volkstümlichen Lehrbuch des Gunzenhausener Kaplans Johann Friedrich Luz

Die Diskussion um den Blitzableiter war aber noch lange nicht beendet. Sie gewann sogar an Brisanz, als es im Jahre 1783 in ganz Europa einen eigenartigen „trockenen Nebel" gab und damit verbunden eine besonders große Gewitterdichte. Viele sahen dies als Folge der vielen Blitzableiter. Heute wissen wir, dass tatsächlich ein Vulkanausbruch in Island im Juni 1783 die Ursache gewesen ist.[14] Es bedurfte hartnäckiger Aufklärungsarbeit, die u.a. von Bauernkalendern und anderen volkstümlichen Almanachen und Zeitschriften in eine durch allmähliche Verbesserung des Schulunterrichts mehr und mehr lesekundigen Bevölkerung getragen wurde. Insbesondere in den Städten spielte daneben die Vortragstätigkeit reisender Experimentatoren und Blitzableiterbauer eine nicht unbedeutende Rolle.

[1] *Zitiert nach Fritz Fraunberger: Die Erfindung des Blitzableiters, Köln 1985, S.19.*
[2] *Hans Prinz: Gewitterblitze in Mythologie und Wissenschaft, in: Hans Prinz (Hrsg): Feuer, Blitz und Funke, München1963, S. 20.*
[3] *Oliver Hochadel: Öffentliche Wissenschaft, Wien 2002, S. 143.*
[4] *Churbaierische Intelligenzblätter vom 12 Juny 1779, Nr. 20. München 1779, S.219 ff.*
[5] *Johann Wolfgang von Goethe: Werke, Hamburger Ausgabe, Band 10, Hamburg 1966, S. 185.*
[6] *V. Hauß, Schreiben an den Herausgeber der von Pfarrer Ferdinand Roth herausgegebenen „Vaterländischen Blätter" Ausstellungskatalog, Nürnberg 1966, S. 117vom 27.12 1790, in: Stadtarchiv und Stadtbibliothek Nürnberg (Hrsg), Die Zeit der Aufklärung in Nürnberg 1780 –1810*
[7] *Gg Ernst Waldau: Diptycha Ecclesiarum Norimbergensium Continuata 1.2, Nürnberg 1779.*
[8] *Hans Prinz: Gewitterblitze in Mythologie und Wissenschaft, in: Hans Prinz (Hrsg): Feuer, Blitz und Funke, München1963, S. 20.*
[9] *Churbaierisches Intelligenzblatt vom 7. September 1781, Mchn 1781, S. 393.*
[10] *Siegmund Freyherr von Bibra (Hrsg.): Von den Blitzableitern im Anspachischen, in: Journal von und für Deutschland, siebenter Jahrgang, erstes bis sechstes Stück, 1790, S.45 f.*
[11] *Journal von und für Deutschland, 1790, 7. Jg 1.St, Fulda 1790, S. 45 ff.*
[12] *Staatsarchiv Nürnberg, Nürnberger Ratsverlässe von 1788, Rep 60 a.*
[13] *Staatsarchiv Nürnberg, B 1 / II XIV / 1.*
[14] *Oliver Hochadel: Öffentliche Wissenschaft, Wien 2002, S. 148.*

Kap. 9 Johann Conrad Gütle – der erste „Berufselektriker"

Johann Conrad Gütle (1747-1827), der den ersten Blitzableiter in Nürnberg errichtet hat, vereinigte in seiner Person zahlreiche für die Zeit typische Professionen: die des „Mechanicus" im Sinne des Handwerkers einerseits und die des Tüftlers und Erfinders andererseits, des Produzenten von Elektrisiermaschinen und anderen Geräten, die des als Schausteller reisenden Experimentators und elektrotherapeutischen Heilpraktikers, den autodidaktisch gebildeten Physiker, den Aufklärer und Wissensvermittler, den stets nach neuen Marktlücken suchenden Gewerbetreibenden und Unterneh-

Als Bildnis von Gütle ist nur ein Schattenriss überliefert.

mer, den Versandhändler und nicht zuletzt den fleißigen Buchautor. Zudem war er Zeit seines Lebens ein unentwegter Trommler für den Blitzschutz und nicht zuletzt kann er als Nürnbergs erster Berufselektriker gelten.

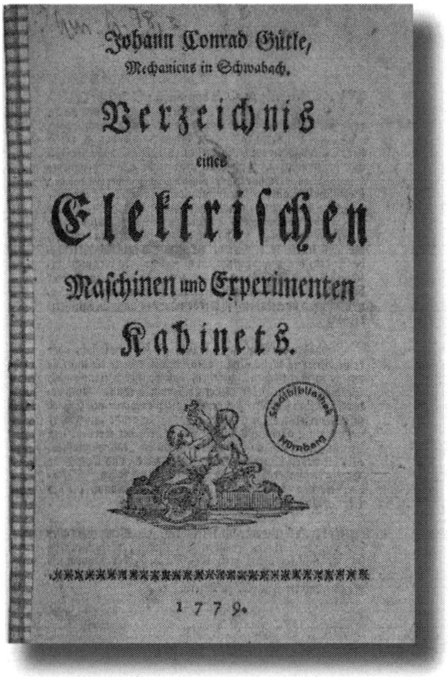
Johann Conrad Gütle,
Mechanicus in Schwabach.
Verzeichnis
eines
Elektrischen
Maschinen und Experimenten
Kabinets.
1779.

Gütles erster, noch nicht illustrierter Katalog von 1779

Zur Welt gekommen war er 1747 als Sohn eines Buchbindergesellen in Schwabach. Diese unweit von Nürnberg gelegene, zur Markgrafschaft Brandenburg-Ansbach gehörende Stadt zählte damals etwa 5.000 Einwohner. Vor allem durch die Ansiedlung der wegen ihres evangelischen Glaubens am Ende des 17. Jahrhunderts aus Frankreich vertriebenen evangelischen Hugenotten war Schwabach in wenigen Jahrzehnten zu einem vorindustriellen Zentrum der Gold- und Silberdrahtherstellung sowie der Nadelfabrikation geworden. Gütle dürfte dort die „Teutsche Schule", den Vorläufer der späteren Volksschule, besucht haben, ehe er den Beruf eines Buchbinders und Futteralmachers erlernte.[1] Nach den als Bedingung für den Erwerb des Meistertitels vorgeschriebenen Wanderjahren erwarb er um 1772 in Schwabach das Bürgerrecht, heiratete eine Zinngießerstochter und eröffnete eine Werkstatt. Dort beschränkte er sich nicht alleine auf die Buchbinderei, sondern fertigte auch Zauberapparate und Elektrisiermaschinen nebst Zubehör an, wie ein von ihm veröffentlichtes Verzeichnis mit fast hundert „Belustigungen und Kunststücken" von 1779 zeigt. Er bietet unter anderem einen „fliegenden Drachen", ein „elektrisches Orakel", „zwei aufeinander feuernde Soldaten" und ein „Donnerhaus" an, das ebenso wie ein „in Brand gesteckter Thurm" die Wirkung des Blitzes und die Funktion des Blitzableiters demonstriert.[2]

Schon sehr bald muss Gütle den Beruf des Buchbinders ganz an den Nagel gehängt haben und mit seinen technischen Gerätschaften auf Reisen gegangen sein. Das erste schriftliche Zeugnis seines Wirkens als reisender Experimentator stammt aus dem Jahre 1781 aus Regensburg, wo sich in der örtlichen Tageszeitung

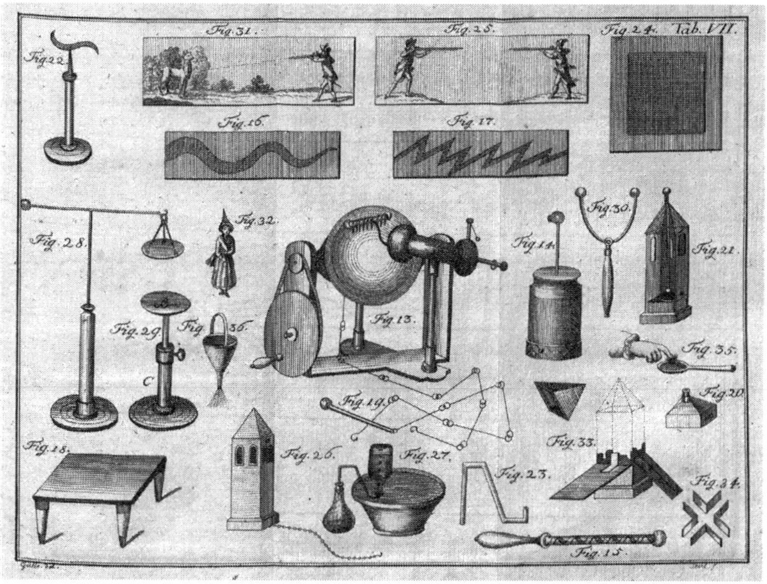

Bilder aus einem Katalog von Gütle von 1791, u.a. mit „feuernden Soldaten", einem „ Donnerhaus" und einer Elektrisiermaschine

folgende Meldung findet: *Herr Gütle, Hochfürstlich-Anspachischer Mechanicus aus Schwabach, hat alhier im blauen Hechten sein aus physikalisch- und mathematischen Maschinen bestehendes Kunstkabinet eröfnet: besonders zeiget er die allerneuesten Electricitäts-Experimente mit darzu gehörigen grosen Maschinen.*[3] 1784 weilt Gütle längere Zeit in Erfurt, wo er für einen Wollzeugfabrikanten eine Elektrisiermaschine anfertigt.[4]

Im Mai 1784 beantragt Gütle in Mainz, dort seine *physikalischen und mathematischen Kunstmaschinen* und Experimente öffentlich vorführen zu dürfen. Die mit der Vorprüfung des Gesuches beauftragten Beamten erachten die Bewerbung für seriös und empfehlen der Kurfürstlich-Mainzischen Landesregierung eine Genehmigung für acht bis vierzehn Tage. Sie versprechen sich für ihre Stadt, dass Gütles Elektrisiermaschine eine Anregung für die *hiesigen Künstler* sein würde und – wohl in erster Linie – dass Gütle die Errichtung von Blitzableitern in Mainz, wo kurz zuvor das Wetterläuten verboten worden ist, beflügeln könne.[5] Die Landesregierung verlangt allerdings vom für die Überwachung zuständigen Domamt, *seine Fürsorge dahin zu richten, dass von dem Mechanikus keine Operationen vorgenommen werden wo nicht alle zeit ein Stadtphysikus zugegen sei.*[6] – Im Gegensatz zu Mainz hat man das mit der ärztlichen Überwachung in der Reichsstadt Heilbronn am

Neckar ein Jahr später nicht so eng gesehen. Prompt gab es Ärger, weil er Kranke behandelt.[7]

In der Folgezeit hielt Gütle zwar weiterhin Vorträge und baute Elektrisiermaschinen; er konzentrierte sich aber stark auf den Blitzableiterbau. Vor allem durch die Überprüfung und Reparatur von mangelhaft installierten Anlagen an öffentlichen Gebäuden, die nach kurzer Zeit an den Verbindungsstellen korrodierten, erwarb er sich im Ansbacher Gebiet einen so guten Ruf als Blitzschutzexperte, dass er vom Ansbacher Markgrafen 1787 *die gnädigste Erlaubnis fernerer Errichtung und Verbesserung der Blitzableitungen in dessen Hochfürstlichen Landen*[8] erhält. Er bekommt entsprechende Aufträge, preist noch im gleichen Jahr eine neue Elektrisiermaschine an und kündigt wegen der großen Nachfrage eine Vorlesungsreihe in Ansbach an.[9] Auch privat scheint alles zu stimmen. Fünf Jahre nach dem frühen Tod seiner ersten Frau heiratet er im September 1787 die Enkelin des bekannten Ansbacher Hofarchitekten und Baumeisters Johann David Steingruber (1702-1787) Antonia Steingruber. Umso überraschender erscheint es deshalb, dass er im Januar 1788 im Gasthof „Wilder Mann" am Nürnberger Obstmarkt Quartier bezieht[10] und kurz darauf im Journal von und für Deutschland in einer Anzeige für einen *vollständigen elektrischen Apparat mit viel Zubehör* Nürnberg als Wohnort angibt.[11] Die Nürnberger *Künstler, Fabrikanten, Handwerker und die höhere Classe der Menschen in öffentlichen Ämtern* lädt er zu einer Reihe von Experimentalvorlesungen in den „Wilden Mann" ein. Im Einladungsflugblatt weist er selbstbewusst auf seine vielen Reisen und die dabei erworbenen Kenntnisse hin, wechselt dann aber die Tonlage und schreibt: *Der vor mich zu große Aufwand und das Beschwerliche der Reisen, erlaubt mir nicht, meinen Wusch hierin selbst Genüge zu thun. Ich suche hierunter nichts als einst dem Ort nützlich zu werden, den mir die Zukunft zum beständigen Aufenthalt anweisen wird.*[2] Dahinter steckt, dass er in Nürnberg sesshaft werden will, denn beim Rat der Stadt läuft bereits sein Gesuch, die Stadt möge ihn als „Schutzverwandten" aufnehmen, d. h. als einen Einwohner, der auch ohne Bürgerrecht ein Gewerbe ausüben darf. Widerstand gegen seine Aufnahme könnte von Leuten gekommen sein, die Konkurrenz zu befürchten hatten, wie etwa die Gebrüder Bischoff, die nach einem Bericht des Berliner Verlegers und Schriftstellers Otto Nicolai *viele physikalische und elektrische Instrumente* anfertigten. Nicolai hatten bei einem Besuch in Nürnberg 1782 besonders deren elektrische Vorführungen beeindruckt und zur Feststellung veranlasst: *Wenn die Herren Bischoff diese Kunststücke in Spanien oder Portugal zeigten, so würde man sie da jetzt noch für Zauberer halten; und vielleicht gibt es deutsche*

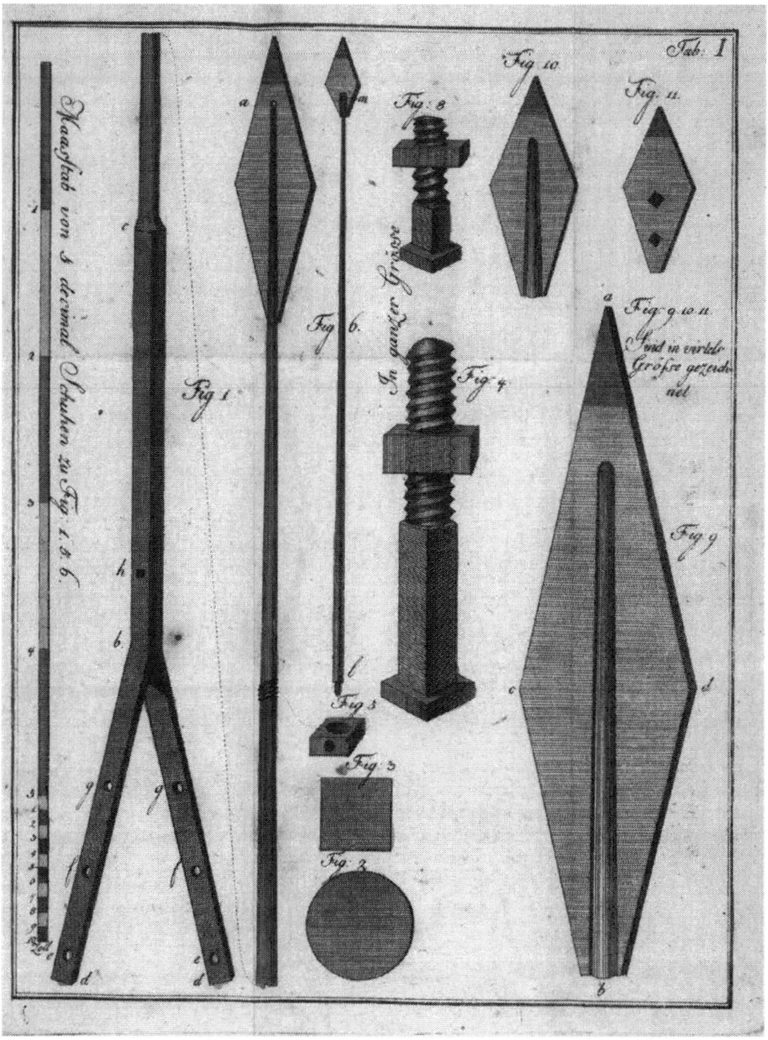

Teile einer qualitätsvollen Blitzschutzanlage von Gütle aus seinem Lehrbuch über den Bau von Blitzableitern

Länder, wo man die Wunder, das heißt die unbegreiflichen Dinge, nur von Heiligenbildern erwartet, und wo es sehr gefährlich seyn möchte, ohne Heiligenbilder die simplen und so wunderbaren Wirkungen der Natur zu zeigen".[13] Am 28. März 1788 beschließt der Rat der Stadt Nürnberg: *„Der Physiker Johann Conrad Gütle aus Schwobach, ist zu Ertheilung allhiesigen Schutzes zu begnadigen, der Löbl. Deputation aber zu überlassen, wie derselbe auf eine, seinen Umständen angemessene Art, zu behandeln seyn möge.*[14]

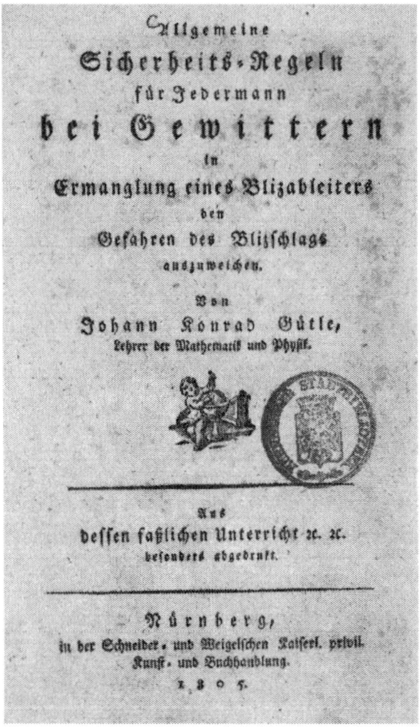
Allgemeine
Sicherheits-Regeln
für Jedermann
bei Gewittern
in
Ermanglung eines Blizableiters
den
Gefahren des Blizschlags
auszuweichen.
Von
Johann Konrad Gütle,
Lehrer der Mathematik und Physik.
Aus
dessen faßlichen Unterricht rc. rc.
besonders abgedrukt.
Nürnberg,
in der Schneider- und Weigelschen Kaiserl. privil.
Kunst- und Buchhandlung.
1805.

Titelseite von Gütles Buch über den Schutz vor Gewittern

Besonders das Geschäft mit den Blitzableitern scheint jetzt sehr gut gegangen zu sein. Gütle montierte in Franken rund 300 Blitzableiter.[15] Wie aufwändig dabei jedes Einzelunternehmen gewesen ist, kann man Akten entnehmen, die im Stadtarchiv von Bad Windsheim erhalten geblieben sind. Der Rat dieser Stadt überlegte im Juni 1789, ob auf dem Rathaus und der Stadtkirche St. Kilian Blitzableiter angebracht werden sollen. Er beschließt, *den Physiker Gütle hierher kommen zu lassen und mit ihm darüber zu tractieren.*[16] Am 3. August unterrichtet der Bürgermeister die Ratsherrn, dass Gütle aus Nürnberg angekommen ist, um die Gebäude auszumessen wegen des benötigten Materials. Sollte er den Auftrag bekommen, würde er für seine Arbeit pro Tag vier Gulden berechnen. Dazu käme das Material. Außerdem bräuchte er einen Turmdecker. Der Rat fordert daraufhin von Gütle einen Kostenvoranschlag an.[17] Der noch in Windsheim weilende Mechanicus erledigt dies umgehend und kalkuliert für die beiden Türme der Stadtkirche 324 Gulden und für das Rathaus 248 Gulden, worauf ein entsprechender Vertrag abgeschlossen wird.[18] Anfang September beginnt Gütle mit der Arbeit und wird Ende des Monats damit fertig.[19] Die Stadtrechnung und die Rechnung von St. Kilian weisen aus, dass er für die Arbeiten am Rathaus einschließlich Material 204 Gulden erhalten hat und für die Arbeit an der Kirche mit ihren zwei Türmen 390 Gulden. Der Fuhrmann Kleinschrot, der das Material von Nürnberg nach Windsheim transportiert hat, berechnet dafür 8 Gulden, und der Stadtbaumeister, der mit seinen Gesellen an dem Projekt beteiligt war, erhält 24 Gulden. Die Kosten für die Kirche waren deshalb höher als im Voranschlag ausgefallen, weil *noch zwei Leitungen an der Abendseite gefertigt werden mussten.*[20]

Gütle hat nicht nur Blitzableiter montiert, sondern in zahlreichen Orten auch Aufklärungsvorträge zum Blitzschutz gehalten, vor al-

Gütles „elektrisch gezündete Gaslampe", abgebildet in einer technikhistorischen Publikation aus Italien (oben); Blitzschirm, der in Gütles Buch beschrieben wird (unten).

lem in Nürnberg, wo ihn die *Vaterländischen Blätter* 1790 im Zusammenhang mit den ersten Blitzableitern rühmen: *Wie herrlich arbeiteten hier die lichtvollen Vorlesungen unseres geschikten Physikers, Herrn Gütle, vor, ehe man von ihrem Daseyn Gebrauch machte!*[21]

Aus Uffenheim, wo 1779 die Errichtung eines Blitzableiters am Widerstand der Bevölkerung gescheitert war und es auch 1784 Protest gegen die Errichtung eines Blitzableiters gegeben hatte, wird berichtet, dass dort 1788, als der *berühmte Physiker Gütle die zwey Kirchen, das Rathhaus, beyde Thore der Stadt und zwey Thürme an der Stadtmauer mit Blitzableitern versehen* hat, sich *nur ein altes Weib darein legen wollte,* das aber ausgelacht worden sei.[22] Gütles Produktpalette jenseits des Blitzableiterbaues lässt sich in ihrer Breite aus verschiedenen Zeitungsanzeigen, vor allem aber aus seinen zahlreichen Katalogen und Schriften abschätzen.

Er bietet neben Elektrisiermaschinen und sonstigen elektrischen Apparaten auch andere physikalische Geräte zur Unterhaltung und für den Gebrauch im Unterricht an. Dazu kommen mechanische Spielwerke und die um die Wende vom 18. zum 19. Jahrhundert bei Alt und Jung sehr beliebten Zauberartikel, sowie Tischsonnenuhren,

Zeichengeräte, Tuschen, Farbstifte, Gesellschaftsspiele und anderes mehr. Freilich hat Gütle nicht alle Maschinen, Instrumente, Spielzeuge und Kuriositäten, die er verkaufte, selbst hergestellt, sondern auch die Waren anderer im Sinne eines Versandhandels weiter vertrieben und die Hersteller am Erlös beteiligt. Die von Friedrich Nicolai in Stettin herausgegebene Zeitschrift „Neue allgemeine deutsche Bibliothek" stellt Gütles Geschäft im Rahmen einer Besprechung[23] von dessen Broschüre „Kunstkabinet verschiedener mathematischer und physikalischer Instrumente, und andere Kunstsachen" wohl etwas übertrieben auf eine Ebene mit der renommierten Handlung von Peter Friedrich Catel (1747-1791) in Berlin, der 1790 einen 96-seitigen Katalog mit über 200 Abbildungen[24] veröffentlicht hatte. Wie und wo Gütle innerhalb der Nürnberger Stadtmauern tatsächlich produziert und wo sein Kunstkabinett gelegen hat, lässt sich nicht feststellen. Er selbst schreibt 1791: *Viele, ja die meisten der beschriebenen Instrumente, werden in meiner Werkstatt gefertigt. Ganze Apparate zu einzelnen Theilen der Naturlehre habe ich meistens vorräthig, zum Beispiel zur Mathematik, Geometrie, Mechanik, Hydraulik und Hydrostatik, zur Elektrizität, und eine Menge einzelner Stücke ... Alles ist mit Fleiß gearbeitet, das Holz gebeizt und poliert und was von Metall ist, sauber lakiert. Inzwischen werden eben sowohl auch alle Instrumente im Grossen bey mir gefertigt.*[25]

Hatte Gütle vor seiner Niederlassung in Nürnberg nur einige Broschüren mit reinem Katalogcharakter herausgebracht, so begann er jetzt auch richtige Lehrbücher zu schreiben, auch wenn sie in aller Regel auch für seine Erzeugnisse warben. Begonnen hat er 1790 mit „Beschreibung eines mathematisch-physikalischen Maschinen- und Instrumentenkabinets"[26]. Gleichzeitig arbeitete er aber schon an den 358 Seiten seines Werkes „Versuche, Unterhaltungen und Belustigungen aus der natürlichen Magie"[27], in dem die Elektrizität ebenfalls eine große Rolle spielt, was nicht für alle seine über 50 Veröffentlichungen gilt, die in den nächsten Jahren folgen. Neben Elektrizität, Gewitter und Blitzableiterbau spielen vor allem die Zauberkunst, aber auch Gesellschaftsspiele, Farben und Lacke, Sonnenuhren, das Kupferstechen und allgemeine Ratgeber eine Rolle. Allerdings scheinen die Schriften zur Elektrizität, zu den Blitzableitern und zu den Zauberkünsten sowohl vom Publikum als auch von den Rezensenten der überregionalen Blätter besonders wohlwollend zur Kenntnis genommen worden zu sein, auch wenn sie uns vom heutigen Kenntnisstand manchmal recht kurios erscheinen mögen. Das gilt etwa für Gütles Ratschläge, wie man sich ohne Blitzableiter vor Gewittern schützen kann. So empfiehlt er, bei Gewitter Bett und Schafzimmer zu verlassen, denn im Bett *öffnen sich die Schweißlöcher unserer Körper* und *die schädlichen Stubendünste, welche unser Athem und der warme Körper in eins fort auflößt, einsaugt, und wieder ausdünstet,* fänden keinen Ausgang, sondern *sie häufen sich in den oberen Fensterflügeln an, dringen durch ihre Rizen, und locken die Blizmaterie gegen uns.*[28] Wenn man sich unter freiem Himmel bei Gewittern bewegt, sei der *sogenannte Blitzschirm* nicht zu verachten, meint er an anderer Stelle.[29]

Gütles Geschäftserfolg mit den Blitzableitern und den Elektrisiermaschinen geht im ersten Jahrzehnt des 19. Jahrhunderts allmählich zurück. Ursachen sind zum einen der Umstand, dass immer mehr Schmiede, Schlosser und andere Handwerker als billige Konkurrenz in den Blitzableiterbau einsteigen, zum anderen die Erfindung der Gleichstrombatterie durch den Italiener Alessandro Volta (1745-1827), die der Wissenschaft völlig neue Perspektiven eröffnet. Die vielen „Liebhaber der Elektrizität" mit ihren funkensprühenden Spielereien und die zahlreichen Amateurforscher, die sich im 18. Jahrhundert noch gleichrangig mit den Physikern an der Spitze bei der Gewinnung von Erkenntnissen hatten sehen können, finden sich plötzlich in einer Sackgasse. Das unter dem Begriff „Galvanismus" neu eröffnete Feld der Elektrizität erfordert nicht nur zusätzliche, auch in andere naturwissenschaftliche Bereiche übergreifende Kenntnisse, sondern scheint trotz erhöhtem Versuchsaufwand auch wenig spektakulär zu sein. Gütles Kunden verlieren deshalb das Interesse an ihren Versuchen und Vorführungen. Er nimmt diese Entwicklung mit Verbitterung zur Kenntnis, denn er ist davon überzeugt, dass durch die eingetretene Entwicklung der Fortschritt der Wissenschaft auf dem Gebiet der „Elektrizität", die man noch viele Jahre als eigenes Gebiet neben dem „Galvanismus" sah, wegen des eintretenden Mangels an geeigneten Geräten stagnieren müsse. Auf die veränderte Marktlage reagiert er mit dem Ausbau seines Warensortimentes im Versandhandel um orientalische Essenzen, Parfüms, Schönheits- und Haarwuchsmittel sowie Salben und Tinkturen gegen Warzen und Hühneraugen.

Der wohl immer angestrebte gesellschaftliche Zugang zu Nürnbergs besseren Kreisen der Kaufleute, Ärzte, Apotheker und „gelehrten Leute" blieb Gütle versagt, ebenso eine Anstellung in einem Lehramt. Doch hatte man Gütles Eintrag ins Einwohnerregister als „Professor" auch wieder gestrichen, so scheint er für viele Nürnberger Zeit seines Lebens als Professor gegolten zu haben bis hin zur Anzeige seines Todes im Allgemeinen Intelligenzblatt der Stadt Nürnberg, das im Oktober 1827 unter der Rubrik „Verstorbene" meldet: *den 18. Okt. Johann Conrad Gütle, Professor, alt 81 Jahre, Altersschwäche.*[30]

[1] Zum Leben Johann Conrad Gütles vgl. Siegfried Kett, Er brachte den Blitzableiter nach Nürnberg, in: Mitteilungen des Vereins für Geschichte der Stadt Nürnberg, 96. Band, Nürnberg 2009, S. 177-228.
[2] Johann Conrad Gütle, Mechanicus in Schwabach: Verzeichnis eines Elektrischen Maschinen und experimentier Kabinets, ohne Ortsangabe, 1779 (Stadtbibliothek Nürnberg G 78,4).
[3] Staatliche Bibliothek Regensburg, 999 / Rat.civ. 439 (1782, Regensburger Diarium Nr. XXVII vom 3.7.1781.
[4] Johann Conrad Gütle: Beschreibung eines mathematisch-physikalischen Maschinen- und Instrumenten-Kabinets, Leipzig und Nürnberg 1790, S. 105/106 und Auskunft 47.75.59 Tgb. Nr. 509/08 des Stadtarchivs Erfurt, wo es allerdings keinen Hinweis auf Gütle gibt, sondern nur auf das Wirken von Hamilton.
[5] Stadtarchiv Mainz 26/11, 27.5.1784.
[6] Stadtarchiv Mainz 26/11, 3.6.1784.
[7] Journal von und für Deutschland 1785 2.Jg. 5. St. S. 422-423.
[8] Stadtarchiv Ansbach, AB 1796 (Acta Policeikomißariat Blitzableiter betreffend).
[9] Onoldsbachische wöchentliche Frag- und Anzeigenachrichten, Num L vom 12.12.1787, Ansbach 1787.
[10] Nürnbergische wöchentliche Frag- und Anzeigenachrichten vom 23.1.1788, Nürnberg 1788.
[11] Journal von und für Deutschland 1788, 5. Jahrgang, Erstes Stück, Fulda 1788, S. 168/169.
[12] Johann Conrad Gütle: Ankündigung von Experimental-Vorlesungen über einen Theil der ausübenden Naturlehre, die theoretische und praktische Elektrizität betreffend, o.D. (Stadtbibliothek Nürnberg Nor 135,40 Nr. 1.
[13] Friedrich Nicolai: Beschreibung einer Reise durch Deutschland und die Schweiz im Jahre 1781, erster Band, Berlin und Stettin 1783, S. 267 ff.
[14] Stadtarchiv Nürnberg, Rep. 60a, RV Nr. 4195, S. 12-13.
[15] Johann Konrad Gütle: Neue Erfahrungen über die beste Art wohlfeile und dauerhafte Blitzableiter anzulegen, Nürnberg 1812, S. 9.
[16] Stadtarchiv Bad Windsheim, Ratsprotokollband B 171, 8. Juni 1789, 121r.
[17] Ebd. B171, 3. Aug. 1789, 139r.
[18] Ebd. B171, 4. Aug. 1789, 139v.
[19] Stadtarchiv Bad Windsheim, Stadtchronik Bd. 4, A 2d, September 1789, p. 2497.
[20] Stadtarchiv Bad Windsheim, Stadtrechnung 1789, E 429 a, fol 186a, Allerlei Ausgab und Rechnung S. Kiliani, G 62, 1789, p 46, Gemeine Ausgab an Geld.
[21] Vaterländische Blätter vom 27.12.1790, in: Stadtarchiv und Stadtbibliothek Nürnberg (Hrsg.): Die Zeit der Aufklärung in Nürnberg 1780-1810, Nürnberg 1966, S. 117.
[22] Journal von und für Deutschland 1789, 6. Jg, 1. St., Fulda 1789, S. 58.
[23] Johann Konrad Gütle: Neue Erfahrungen über die beste Art wohlfeile und dauerhafte Blitzableiter anzulegen, Nürnberg 1812, S. 9.
[24] Peter Friedrich Catel: Mathematisches und Physikalische Kunst-Cabinet, dem Unterrichte und der Belustigung der Jugend gewidmet – mit 216 Figuren auf 9 Kupfertafeln, Berlin und Liebau 1790.
[25] Ebd.
[26] Johann Conrad Gütle: Beschreibung eines mathematisch-physikalischen Maschinen- und Instrumentenkabinets, mit den dazu gehörigen Versuchen

zum Gebrauch für Schulen, 1. Band, Leipzig und Nürnberg 1790.
[27] *Johann Conrad Gütle: Versuche, Unterhaltungen und Belustigungen aus der natürlichen Magie zur Lehre, zum Nutzen und zum Vergnügen bestimmt, Leipzig und Jena 1791.*
[28] *Johann Conrad Gütle: Fasslicher Unterricht wie man sich bei Gewittern vor den schädlichen Wirkungen des Blizes an allen Orten ohne Blizableiter verwahren könne, Nürnberg 1805, S. 32.*
[29] *Ebd., S. 58.*
[30] *Allgemeines Intelligenzblatt der Stadt Nürnberg, Jahrgang 1827, Nr. 127 vom 29. Oktober 1827.*

Kap. 10 Der Galvanismus beflügelt den Erkenntnisdrang und bewegt die Phantasie der Menschen

In Mozarts 1790 uraufgeführten Oper „Cosi fan tutte" rettet die als Arzt verkleidete Kammerzofe Despina zwei kranke Offiziere in Neapel vor dem Tod, indem sie die beiden mit einem Magneten bestreicht und dabei singt: *„Dies ist ein Stück Magneteisen, der Mesmersche Stein, der seinen Ursprung in Deutschland hat und dann so berühmt in Frankreich wurde."* Gemeint ist ein Produkt des damals in Europa wohl bekanntesten Arztes, dem in Wien geborenen Franz Anton Mesmer (1734-1815), nach dem in Nürnberg sogar eine Straße benannt wurde. Mesmer hatte vor allem in besseren Gesellschaftskreisen eine wahre Epidemie von Spiritismus und Esoterik ausgelöst mit seiner 1776 entwickelten Theorie vom „tierischen Magnetismus"[1] und von der „tierischen Elektrizität". Der tierische Magnetismus verbinde den Leib mit der eigenen Seele und mit den kosmischen Kräften, die tierische Elektrizität das Gerhirn mit den verschiedenen Muskeln und Organen. Krankheiten und Krisen entstünden durch einen Mangel oder Überschuss an tierischem Magnetismus im menschlichen Körper. Diese Vorstellung führte zu einer teilweise mit Hypnose verwobenen und an Exorzismus und Schamanismus erinnernden Heilpraxis mit Stabmagneten oder „magnetisierten" Materialien wie Wasser, Sand oder Glas.

Es gab natürlich auch Gegenbewegungen. So stellte eine 1784 vom französischen König eingesetzte Kommission, zu der auch der damals als amerikanischer Gesandter in Paris weilende Bejamin Franklin gehörte, fest, dass die therapeutischen Behandlungserfolge beim Mesmerismus lediglich auf Einbildung beruhten. Doch der Glaube daran blühte weiter, selbst der amerikanische Präsident George Washington (1732-1799) gehörte im Gegensatz zu Franklin zu den Anhängern. Wie laut müssen diese gejubelt haben, als 1791 der italienische Medizinprofessor Luigi Galvani (1737-1798) in einer anatomischen Zeitschrift die sensationelle

Nachricht verkündete, die tierische Elektrizität entdeckt zu haben. Wenn es diese gab, dann musste es auch einen tierischen Magnetismus geben! Galvani hatte bei anatomischen Forschungen Frösche seziert, um deren Muskelbewegung zu studieren. Als er wieder einmal einen Frosch auseinander nahm und auf einen Tisch legte, auf dem auch eine offensichtlich nicht lange zuvor gebrauchte und noch mit Restladung behaftete Elektrisiermaschine stand, berührte ein Mitarbeiter mit einem Skalpellmesser zufällig die inneren Schenkelnerven des Frosches. Zu aller Überraschung zogen sich die Muskeln an den Gelenken des Frosches wiederholt zusammen. Galvani vermutete, einen Nachweis für die tatsächliche Existenz von tierischer Elektrizit gefunden zu haben und forschte intensiv weiter. Dabei erkannte er zwar, dass es zur Reizung der Froschnerven nicht unbedingt einen elektrischen Funken von außen braucht, sondern es schon genügt, wenn Nerv und Muskel mit zwei verschiedenen Metallen in Berührung kommen, die sich ihrerseits berühren. Aber er erkannte darin nicht die Ursache der Stromerzeugung, sondern hatte durch das Zucken der Froschmuskeln lediglich entdeckt, dass die Aktivität der Nerven elektrischer Natur ist, auch wenn – wie wir heute wissen – die tatsächlichen Nervenströme viel schwächer sind als die von Galvani dafür gehaltene tierische Elektrizität.

Galvanis Veröffentlichungen waren eine Sensation. Ungläubig wiederholten Mediziner und Physiker in zahlreichen Ländern die Versuche und überzeugten sich von deren tatsächlichem Funktionieren. Auch Galvanis italienischer Landsmann Alessandro Volta

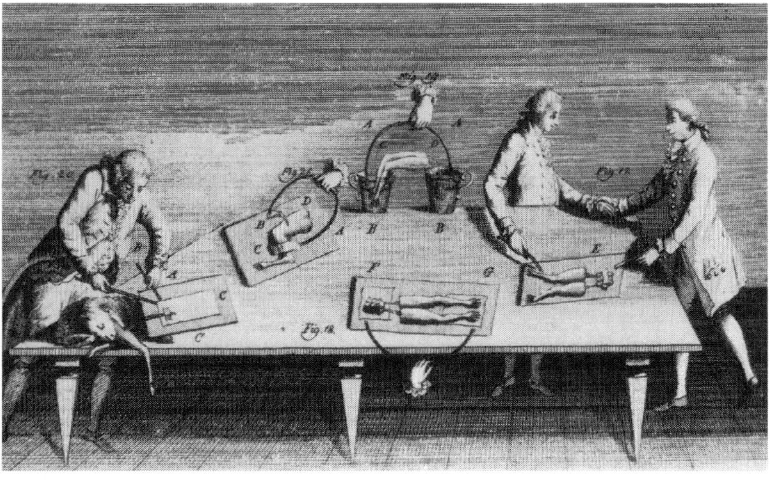

Galvanis Versuche, dargestellt in seiner Veröffentlichung von 1791

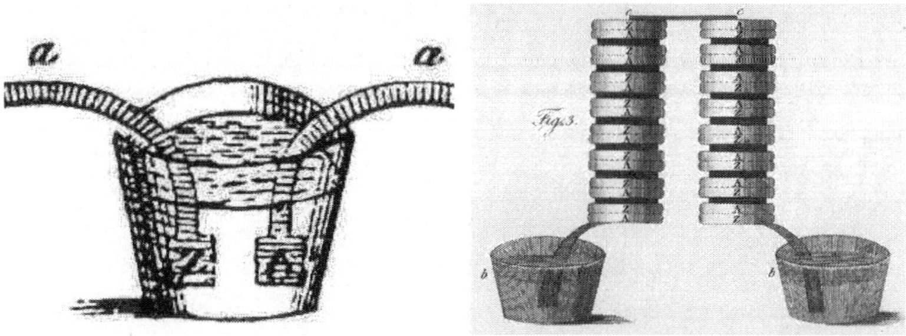

Voltaelement (links); Volta-Säule aus Silber und Zinkplättchen (Kupferstich 1800; rechts).

in Pavia war nach anfänglicher Skepsis voll des Lobes. Wie Galvani geht er zunächst vom *Daseyn einer wahren und eigenen thierischen Elektrizität* aus, welche *von sich selbst in den lebenden Organen ohne fremdes Zuthun entsteht.*[2] Er führt die Versuche weiter mit dem Ziel, sie quantitativ durch Messungen zu untermauern. Dabei fällt auch ihm auf, dass die Froschnerven auch zucken, wenn keine äußere Stromquelle angeschlossen ist, die Nervenenden jedoch mit zwei unterschiedlichen Metallen umwickelt sind, welche ihrerseits miteinander in Verbindung stehen. Hieraus schließt er, dass die beiden Metalle gemeinsam mit der Körperflüssigkeit des Frosches die eigentliche Ursache für den Stromfluss sind. Bald ist er sich nicht nur sicher, dass es sich bei der Kombination von zwei verschiedenen Metallen und einer leitenden Flüssigkeit um eine neue Elektrizitätsquelle handelt, sondern auch davon überzeugt, dass es nur eine einzige Elektrizität gibt, also keine besondere tierische Elektrizität. Mit der Veröffentlichung dieser Erkenntnisse im Jahre 1792 beginnt eine lange, intensive Kontroverse mit Galvani und dessen Anhängern, die bald in einen Glaubenskrieg ausartet und den Tod Galvanis 1798 um Jahre überdauert hat.

Volta stellte auch fest, dass beim Hintereinanderschalten von „galvanischen Elementen" die Gesamtspannung größer wird. Aus der Reihenschaltung der einzelnen, in getrennten Gefäßen angeordneten Elementen aus Kupfer und Zink entwickelte er im Jahre 1799 die „Voltasche Säule", bei der die Plattenpaare in einem einzigen Gefäß untergebracht und jeweils durch flüssigkeitsgetränkte Scheiben aus Pappe oder Leder voneinander getrennt sind. Veröffentlich wird dies im Juni 1800 durch die Royal Society in London, worauf sich Physiker, Ärzte Chemiker und in ganz Europa darauf stürzen, das Wunderding nachzubauen, das nicht nur ein die Elektrizitätslehre neu belebendes Forschungsmittel ersten Ranges darstellte, sondern auch den künftigen breiten technischen Anwendungsbereich der Elektrizität erahnen ließ.

Alessandro Volta erläutert Napoleon am 7. November 1800 das Prinzip seiner elektrischen Säule (Gemälde 1801).

Hatte sich Volta bei seinen Säulen noch mit weniger als 50 Plattenpaaren begnügt, so gab es bald schon welche mit dem Zehn- und Zwanzigfachen davon. 1800 stellten zwei Engländer fest, dass man mit der Volta-Erfindung Wasser in seine beiden Bestandteile Wasserstoff und Sauerstoff zerlegen kann, wenn man zwei Elektroden eintaucht und mit den Polen der Volta´schen Säule verbindet. Bei Stromdurchgang perlt an der mit dem positiven Pol verbundenen Elektrode Sauerstoff empor, während an der mit dem negativen Pol verbundenen Elektrode Wasserstoff entsteht. Andere Wissenschaftler bemerkten, dass es entsprechende Reaktionen auch bei in Wasser gelösten Salzen gibt und sich auch diese durch den elektrischen Strom in ihre Bestandteile zerlegen ließen. Dem Engländer Humphry Davy (1778-1829) gelang es, durch diese Elektrolyse in den Jahren 1807 und 1808 aus verschiedenen Verbindungen vorher unbekannte chemische Elemente zu lösen, die in reiner Form in der Natur nicht vorkommen, wie Natrium, Kalium und Magnesium. In Deutschland stand Johann Wilhelm Ritter (1776-1810) in vorderster Reihe, der als Physiker und Naturphilosoph die galvanische Kette als den Grundbaustein allen menschlichen, tierischen und pflanzlichen Lebens betrachtete. Er gilt als Erfinder des Akkumulators, d. h. der wiederaufladbaren Batterie. Dazu hatte er zwei durch eine feuchte Stoffscheibe getrennte Goldmünzen an eine Voltasäule angeschlossen. Als er den Stromfluss unterbrach, stellte er fest, dass die Anordnung mit den Goldmünzen jetzt von sich aus Strom liefern konnte. Das blieb aber zunächst eine rein wissenschaftliche Beobachtung, für eine praktische Anwendung taugte es noch nicht.

Ähnliches gilt auch für die Verwirklichung einer Glühfadenlampe. Dass ein Metalldraht bei Stromdurchfluss zum Glühen gebracht werden kann, dürften alle, die starke Voltasäulen gebaut haben, sehr schnell bemerkt haben. Bald schon konnte man in den Zeitungen von immer spektakuläreren Versuchen mit glühenden Eisen- und Platindrähten oder mit glühendem „Buchsholz“[3] lesen. Davy konnte 1808 einen kontinuierlich leuchtenden Lichtbogen vorführen, als er zwei Kohlestifte mit je einem Pol der Voltaschen Säule verband, sie dann zusammenführte und nach Beginn des Stromflusses auseinander zog. 1810 erzeugte er auf diese Weise vor der Royal Society in London, deren Präsident er 1820 wurde, mit einer Volta-Batterie von 2.000 Zink-Kupfer-Platten einen Lichtbogen von 10 cm Länge. An eine zielgerichtete technische Weiterentwicklung solcher Versuchsanordnungen zu praxistauglichen Glüh- oder Lichtbogenlampen dachte damals

Davy bei der Vorführung des elektrischen Lichtes eines Lichtbogens in London. Im Untergeschoss sieht man die große elektrische Batterie aus vielen einzelnen Elementen.

noch niemand. Ohnehin wäre eine elektrische Beleuchtung wegen der kostspieligen galvanischen Elemente als Energiequellen gegenüber der eben aufkommenden Gasbeleuchtung in keiner Weise konkurrenzfähig gewesen.

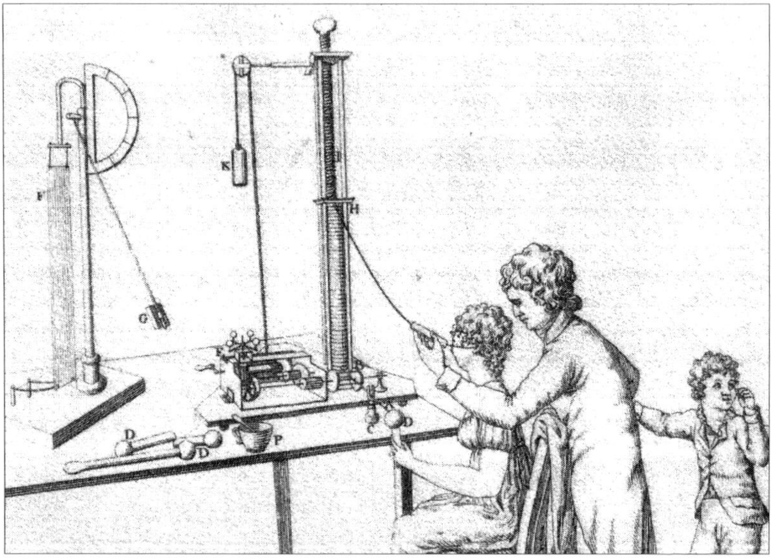

Behandlung von Taubheit mit Voltaismus

Unter den ersten, die neben den Physikern und Chemikern die neue Stromquelle in ihre Forschungs- und Alltagspraxis einbezogen, waren – wie schon ein halbes Jahrhundert zuvor bei der Erfindung der Elektrisiermaschinen und Leidener Flaschen – die Mediziner. Bereits 1801 berichteten die Zeitungen von Menschen, die mit Hilfe der Voltaschen Säule von Taubheit oder Blindheit geheilt worden sein sollen. Andere Ärzte hatten auf der Suche nach den physiologischen Vorgängen bei der Entstehung von Leben und beim Übergang vom Leben zum Tod, hinter denen man seit Galvanis Veröffentlichung über die tierische Elektrizität einen elektrischen Zusammenhang vermutete, ein weiteres, allerdings reichlich makabres Forschungsfeld gefunden. Sie experimentierten mit frischen Tier- und Menschenleichen. (Wobei man in der Medizin seit der Entstehung des anatomischen Theaters im 16. Jahrhundert und dem Sezieren von Leichen stets auf die Körper Hingerichteter zurückgegriffen hatte.) Gesellschaftlicher Hintergrund war dabei eine am Ende des achtzehnten und in der ersten Hälfte des neunzehnten Jahrhunderts weit verbreitete Angst vor einem Scheintod, verbunden mit der Furcht, einst lebendig begraben zu werden. Es kursierten viele „Tatsachenberichte" über für tot gehaltene und schon bestattete Menschen, die im Grabe wieder erwachten und dann unter Höllenqualen ein zweites Mal gestorben sind. Man glaubte ernsthaft, dass jeder Zehnte leben-

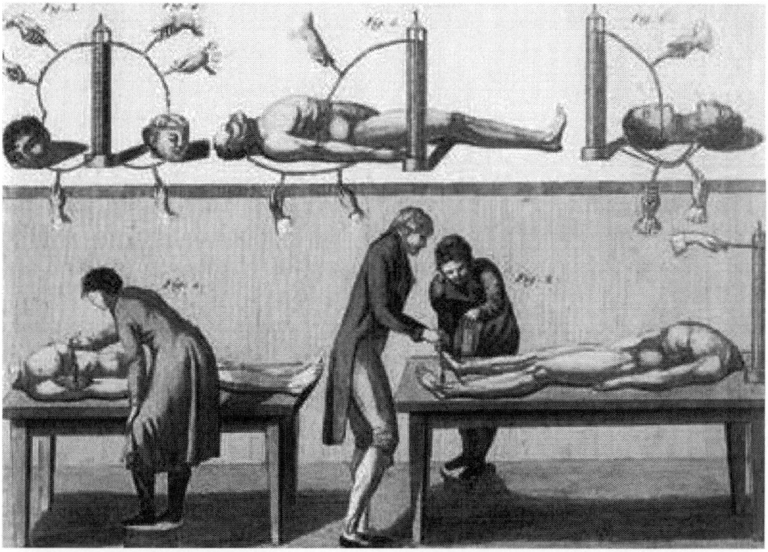

Der italienische Arzt Giovanni Aldini (1762-1834) bei Versuchen mit einem hingerichteten Straftäter

dig begraben würde und kam zu den skurrilsten Erfindungen, wie Luftröhren zu den Särgen, Sicherheitssärgen mit eingebauten Lampen oder Sicherheitsglocken, mit denen ein Scheintoter seine Rückkehr ins Leben signalisieren konnte. Auch wenn es nicht um das Ableben eines Menschen geht, sondern um das Erwecken eines aus gestohlenen Leichenteilen zusammengeflickten Monsters zum Leben durch eine geheimnisvolle Kraft, so passt der 1818 erschienene Roman *„Frankenstein"*[4] der Schriftstellerin Mary Shelley (1797-1851) in diese Reihe der Schauergeschichten. Selbst bei der Darstellung des Galvanismus in Schulbüchern schlug das so geschaffene gruselige Klima durch. In einer zeitgleich mit der Entstehung von „Frankenstein" in Deutschland in erster Auflage erschienenen „Naturlehre für Bürger- und Volkschulen" kann man im Zusammenhang mit dem Anlegen einer Voltasäule lesen: *„Bei einem enthaupteten Menschen dauern die Zuckungen noch eine Zeitlang fort, wenn man diesen Metallreiz anbringt, und so lange er wirkt, ist das Leben noch nicht ganz verschwunden. Mit dem wirklichen Tode hören diese Zuckungen auf. Daher gebraucht man den*

Galvanismus als das beste Mittel, zu untersuchen, ob ein Mensch wirklich oder nur scheynbar todt sey."[5] Daneben gab es allerdings auch weniger dramatisierte nüchterne Informationen. So wird in dem für Gymnasien bestimmten, 1806 in Jena erschienenen „Lehrbuch der Physik für gelehrte Schulen" von Friedrich Christian Kries (1768-1849), nach dem sich der Unterricht des Nürnberger Gymnasiums spätestens im Jahre 1814 gerichtet hat[6], der Galvanismus schon recht sachlich behandelt als ein *ganz neuerlich entdecktes weites Feld, das einen bis dahin unbekannten Weg zur Erregung der Elektrizität enthält, und eine Menge neuer Erscheinungen darbietet.*[7] Von der Behandlung von Scheintoten oder von Versuchen an Leichen ist in dem Buch von Kries keine Rede.

[1] *Anmerkung: Eigentlich hieß es „animalischer Magnetismus" von lat. anima = Seele. Die Übersetzung „tierisch" ist eigentlich unkorrekt, hat sich aber durchgesetzt.*
[2] *Alessandro Volta, deutsche Übersetzung Johann Mayer: Schriften über die thierische Elektrizität, Prag 1793, S. 2.*
[3] *Der Verkündiger vom 28. Oktober 1803, Nürnberg 1803.*
[4] *Mary Shelley: Frankenstein, or the modern Prometheus, London 1818.*
[5] *G. Melos: Naturlehre für Bürger- und Volksschulen, Vierte Auflage 1832, Rudolstadt 1832 S. 217.*
[6] *Jahresbericht von der Königlichen Studienanstalt des Gymnasiums zu Nürnberg, Nürnberg 1814, S. 4.*
[7] *Friedrich Christian Kies: Lehrbuch der Physik für gelehrte Schulen, Jena 1806, S. 284.*

Das Galvanische Element

Die wesentlichen Bestandteile eines Galvanischen Elementes sind zwei verschiedene Leiterwerkstoffe als Elektroden und ein Elektrolyt. Als Elektrolyten bezeichnet man Flüssigkeiten, die den elektrischen Strom leiten, weil sich ihre Bestandteile in positiv und negativ geladene Ionen als freie Ladungsträger spalten. Als Beispiel wählen wir für die Elektroden Zink (Zn) und Kupfer (Cu) und als Elektrolyt eine wässrige Lösung von Schwefelsäure (H_2SO_4). Das Molekül der Schwefelsäure besteht aus zwei Wasserstoffatomen (H), einem Schwefelatom (S) und vier Sauerstoffatomen (O). Im Wasser zerfallen die Schwefelsäuremoleküle in negativ geladene SO_4-Ionen (Säurerest) und in positiv geladene, sogenannte „Wasserstoff-Ionen", (die in Wirklichkeit positiv geladene H_3O_2-Ionen sind, da es „echte" Wasserstoff-Ionen nicht geben kann. Sie würden nur aus dem Atomkern bestehen.)

Taucht man die Zinkelektrode in die Säurelösung, gehen einige Zinkatome in Lösung und lassen dabei Elektronen im Zinkverband zurück. (*Anmerkung: Tatsächlich handelt es sich um einige Milliarden von Atomen, die zu Ionen werden. Aber im Vergleich zu den verbleibenden vielen Milliarden von Milliarden Atomen kann man durchaus von „einigen" Atomen sprechen, zumal das viel anschaulicher ist.*) Die Zinkelektrode hat jetzt einen Überschuss an Elektronen, sie ist positiv geladen. Die Zink-Atome, die die Zinkelektrode verlassen haben, sind zu positiv geladenen Zink-Ionen geworden.

Wiederholt man den Vorgang mit Kupfer, dann laufen die gleichen Vorgänge ab, nur dass im Vergleich zum Zink wesentlich weniger Kupfer-Atome zu Kupfer-Ionen werden. Die Kupferelektrode ist damit weit weniger negativ geladen als die Zinkelektrode.

Taucht man jetzt beide Elektroden gleichzeitig in den Elektrolyten und verbindet die beiden Elektroden außerhalb des galvanischen Elementes mit einem Leitungsdraht, dann fließen infolge des großen Elektronenüberschusses der Zinkelektrode von dieser Elektronen zur Kupferelektrode, die einen sehr viel geringeren Elektronenüberschuss aufweist.

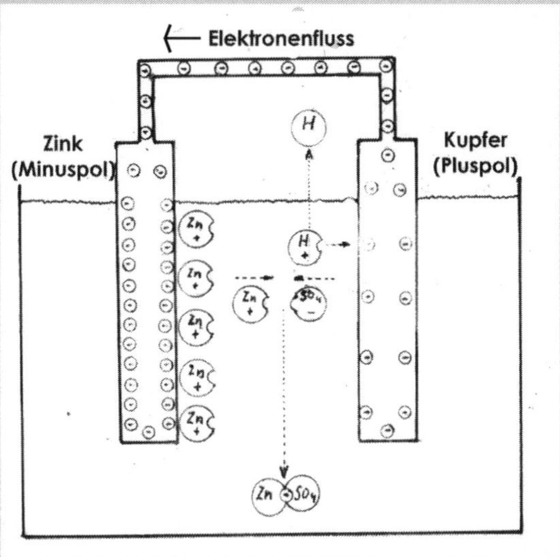

Durch den Abfluss der negativen Ladung kann die Zinkelektrode jetzt immer weitere Atome an den Elektrolyten als positive Ionen abgeben und erhält so ihr Ladungspotential aufrecht. Auf der anderen Seite gibt die Kupferelektrode die zufließenden Elektronen an die positiv geladenen Wasserstoff-Ionen ab, die wegen der positiv geladenen, aus Zink-Ionen bestehenden Ladungswolke um die Zinkelektrode zur Kupfer-Elektrode getrieben werden. Dort nehmen sie die über den Leitungsdraht angekommenen Elektronen auf. Durch die Aufnahme der Elektronen aus der Kupferelektrode werden aus den Wasserstoff-Ionen neutrale Wasserstoff-Atome. Diese entweichen als gasförmiger Wasserstoff nach außen.

Aus der positiven Ladungswolke um die Zinkelektrode wandern positive Zink-Ionen ebenfalls in Richtung Kupferelektrode. Sie verbinden sich mit den sich gleichzeitig in Gegenrichtung bewegenden, negativ geladenen SO_4-Ionen zu elektrisch neutralen Zinksulfat-Molekülen ($ZnSO_4$). Die neutralisierten Wasserstoff- und SO_4-Ionen werden aus der im Wasser gelösten Schwefelsäure wieder ersetzt, d. h. der Ionisierungsgrad des Elektrolyten bleibt gleich und der Prozess läuft weiter.

Allerdings handelt es sich bei diesem Stromkreis, den man lange Zeit als „galvanische Kette" bezeichnete, um kein „Perpetuum mobile", das immerzu Strom liefert, wie anfangs viele meinten. Der Stromfluss bleibt nur solange aufrechterhalten, bis die Zinkelektrode aufgelöst bzw. der Elektrolyt aufgebraucht ist. Die elektrische Energie wurde durch Umwandlung von chemischer Energie gewonnen.

Bei modernen galvanischen Elementen (Trockenbatterien) besteht die positiv geladene Elektrode (Minuspol) gewöhnlich aus Kohle, die negative geladene Elektrode (Pluspol) aus Zink und der Elektrolyt ist in einer Füllmasse (z.B. Mehl) gelöst. Zudem ist die Kohle mit Braunstein umgeben, der den entstehenden Wasserstoff bindet.

Kap. 11 Elektromagnetismus und Nürnberg als naturwissenschaftliche Informationszentrale

Eine der größten Entdeckungen zu Beginn des 19. Jahrhunderts war der Elektromagnetismus durch den Dänen Hans Christian Oersted (1777-1851) im Jahre 1820. In Deutschland erfährt man davon durch das in Nürnberg von Johann Salomo Christoph Schweigger (1779-1857) seit 1811 herausgegebene „Journal für Physik und Chemie", der führenden naturwissenschaftlichen Zeitschrift im deutschsprachigen Raum. Der dänische Physiker hatte nachgewiesen, dass es zwischen den Phänomenen Elektrizität und Magnetismus einen Zusammenhang gibt. Er war sich der epochalen Bedeutung dieser Erkenntnis für die Wissenschaft so sehr bewusst, dass er sie nur in der klassischen Gelehrtensprache Latein veröffentlichen ließ, was Schweigger zur Vorbemerkung veranlasste: *„Der Absicht des Hrn. Verfassers gemäß wird diese wichtige Anzeige in der Ursprache abgedruckt, worin er sie mitteilt."*[1]

Oersted führt den Elektromagnetismus vor.

Oersted beschreibt im Folgenden, wie eine Magnetnadel abgelenkt wird, wenn in einem über oder neben ihr vorbeiführenden Metalldraht ein „elektrischer Konflikt" stattfindet. Wie die meisten Naturforscher zur damaligen Zeit ging er davon aus, dass es zwei Arten des allgemein vermuteten elektrischen Fluidums gibt. Verbindet man die beiden Pole eines galvanischen Elementes oder einer Voltasäule mit einem Metalldraht zu einer „galvanischen Kette" (vom „Stromkreis" sprach man erst später), dann würden aus dem „Zinkpol" das negative elektrische Fluidum und aus dem

„Kupferpol" das positive elektrische Fluidum austreten. Die beiden Fluida würden dann im Draht aufeinander prallen, was zu einem „elektrischen Konflikt" führe, der u. a. durch die Erhitzung des Drahtes wahrgenommen werden kann oder jetzt auch durch den entstehenden Magnetismus.

Dass das „Journal für Chemie und Physik" in Nürnberg erschien, mag auf den ersten Blick verwundern, denn die vorher freie Reichsstadt war 1806 durch Napoleons Willen Teil des mit Frankreich verbündeten Königreiches Bayern geworden und damit in den Rang einer Provinzstadt abgestiegen. Auch die reichsstädtische Universität Altdorf hatten die neuen Machthaber aufgelöst. Doch als ein Zufallsprodukt aus einer durch den höchsten bayerischen Minister Josef Montgelas (1759-1838), quasi den Ministerpräsidenten des Königs, eingeleiteten und vom protestantischen Zentralschulrat Friedrich Immanuel Niethammer (1766-1848) organisierten Schulreform einerseits und einer weit verzweigten Männerfreundschaft von Wissenschaftlern andererseits war Nürnberg dennoch für einige Jahre zu einem naturwissenschaftlichen Informationszentrum geworden. In dessen Mittelpunkt stand der in Erlangen geborene Altphilologe und Physiker Johann Salomo Christoph Schweigger mit seinem bei der Verlagsbuchhandlung Schrag herausgegebenen Journal.

Niethammer hatte in Tübingen zusammen mit dem Dichter Friedrich Hölderlin (1770-1843) und den Philosophen Georg Wilhelm Friedrich Hegel (1770-1831) und Friedrich Wilhelm Schelling (1775-1854) studiert und 1793 eine Professur in Jena bekommen, ebenso wie ein paar Jahre später auch Schelling und Hegel. Zu diesem Jenaer Freundeskreis gehörte auch der wohlhabende Kaufmannsohn und Naturwissenschaftler Thomas Johann Seebeck (1770-1831), der wiederum mit Johann Wolfgang von Goethe (1749-1832) eng zusammenarbeitete, diesen bei seiner Arbeit über die Farbenlehre beriet und ihm und Herzog Karl August von Sachsen-Weimar-Eisenach (1757-1828) Privatvorträge über die neusten Entwicklungen in der Physik halten durfte, insbesondere auf dem Gebiet des Galvanismus.[2] Nachdem die Franzosen 1807 die Universität in Jena geschlossen hatten und Hegel ohne festes Einkommen war, vermittelte ihm der inzwischen in Bayern angestellte Niethammer zunächst eine Stelle als Redakteur in Bamberg, ehe er ihn 1808 als Rektor an das Nürnberger Gymnasium holte. Auch Seebeck verließ Jena und zog zu den Schwiegereltern nach Bayreuth, wo er sich mit dem Dichter Jean Paul (1763-1825) und mit Johann Salomo Christoph Schweigger anfreundete, der dort seit 1803 als Gymnasiallehrer arbeitete, sich zudem intensiv mit der Elektrizität befasste, mit Physikern wie Johann Paul Ritter

Die Realstudienanstalt neben dem Inneren Laufer Torturm (Kupferstich von Johann Adam Delsenbach)

darüber korrespondierte und darüber auch publiziert hat. Meist geschah das in dem vom Chemiker Adolph Ferdinand Gehlen (1775-1815) seit 1806 in Berlin herausgegebenen „Journal für die Chemie, Physik und Mineralogie". 1810 übergab Gehlen die Herausgabe an seinen Freund J.S.C. Schweigger.[3]

Als ein Kernstück der bayerischen Schulreform führte Niethammer gegen den Widerstand reaktionärer Kreis eine neben dem Gymnasium zur Hochschulreife führende mathematisch-naturwissenschaftliche „Realstudienanstalt" ein. In Nürnberg nahm sie 1809 im Landauerschen Zwölfbrüderhaus neben dem Inneren Laufer Tor ihren Betrieb auf, einem 1501 von einem reichen Nürnberger gestifteten Altenheim, das 1806 aufgelöst worden war. Physikalische Apparate und Geräte zum Experimentieren holte man vom aufgelösten Neuburger Lyzeum und von der soeben geschlossenen Altdorfer Universität.[4] Als Lehrer für Physik und Mathematik gewann Niethammer den ihm ebenfalls aus Tübingen bekannten Wilhelm Johann Andreas Pfaff (1774-1835), der 1803 ein Buch „Der Voltaismus" veröffentlicht hatte. Zwei Jahre später holte er als weiteren Lehrer für Naturwissenschaften Johann Salomo Christoph Schweigger nach Nürnberg. Wie hoch man Schweigger einschätzte, mag man daran erkennen, dass er mit fast 1000 Gulden im Jahr das Doppelte von dem verdiente, was man

Georg Wilhelm Friedrich Hegel (oben), Johann Salomo Christoph Schweigger (unten)

dem in gleicher Funktion an der Realstudienanstalt in Bamberg tätigen jungen Erlanger Mathematiker Georg Simon Ohm (1789-1854) bezahlte. Als Schweigger nach Nürnberg ging, wo bereits Hegel arbeitete, hielt es auch Seebeck nicht länger in Bayreuth. Er schreibt im April 1812 an Goethe: *In Nürnberg werde ich für meine physikalischen und chemischen Arbeiten manche Erleichterung finden, und für meine Kinder finde ich in den meisten Fächern gute Lehrer. Auch kann ich dort eher etwas erwerben.*[5]

Schweigger benennt das von Gehlen übernommene Journal um, worüber er schon von Bayreuth aus mit Goethe korrespondiert hatte, was dieser am 25. Juli 1810 in seinem Tagebuch festgehalten hat.[6] Im Frühjahr 1811 erscheint es unter neuem Namen erstmals bei der Verlagsbuchhandlung Schrag in Nürnberg. Der erste Beitrag stammt von Seebeck und dreht sich um Farbenlehre. Auf der Titelseite führt Schweigger eine Reihe von renommierten Wissenschaftlern auf, in deren Verbindung die Herausgabe erfolgt. Darunter ist auch Oersted, der sich auf einer Rundreise im Spätsommer 1812 zu Schweigger nach Nürnberg begibt. Er bleibt hier mehrere Tage, lässt seine Post hierher senden und nimmt Quartier im altehrwürdigen Gasthof „Zum Roten Ross".[7]

Thomas Johann Seebeck

Über Schweiggers Lehrtätigkeit in Nürnberg ist wenig bekannt. Johann Carl Leuchs (1797-1877), einer seiner Zöglinge, hielt allerdings fest, dass er seine *Vorlesungen wie auf einer Universität in freiem Vortrag* hielt und die Schüler mit *electrischen Ansichten unterhielt, die ihm zum Theil selbst nicht klar waren.*[8] Wie hätte der kritische junge Mann erst Schweiggers Vorgesetzten, den Philosophen Hegel, beurteilt, der als „Lokalschulrat" ab 1813 für das gesamte Nürnberg Schulwesen zuständig gewesen ist, als dieser schrieb: *Die Elektrizität ist der reine Zweck der Gestalt, der sich von ihr befreit, die Gestalt, die ihre Gleichgültigkeit aufzuheben anfängt; denn die Elektrizität ist das unmittelbare Hervortreten oder das noch von der Gestalt herkommende, noch durch sie bedingte Dasein, oder noch nicht die Auflösung der Gestalt selbst, sondern der oberflächliche Prozess, worin die Differenzen die Gestalt verlassen, aber sie zu ihren Bedingungen haben, und noch nicht an ihnen selbständig sind.*[9]

Seebeck fand über Hegel schnell Aufnahme im Freundeskreis um den sehr einflussreichen Großkaufmann und Marktvorsteher Paul Wolfgang Merkel (1756-1820), einem der namhaftesten Bürger der Stadt. Im größeren geselligen Kreis sprach man im Hause Merkel über Literatur, Wissenschaft, Politik und allgemeine Themen. In privaterer Runde ging es sogar um die Heiratspläne von Hegel, der schließlich eine Nürnberger Patriziertochter zur Frau nahm.[10] Seebeck wurde Taufpate von Hegels erstem Sohn. Mit Goethe, der schon 1797 Gast im Hause Merkel gewesen war, stand Seebeck auch in seiner Nürnberger Zeit in engem Kontakt. In ihren zahlreichen Briefen geht es um naturwissenschaftliche Fragen; aber man tauscht auch gesellschaftliche und private Neuigkeiten aus.

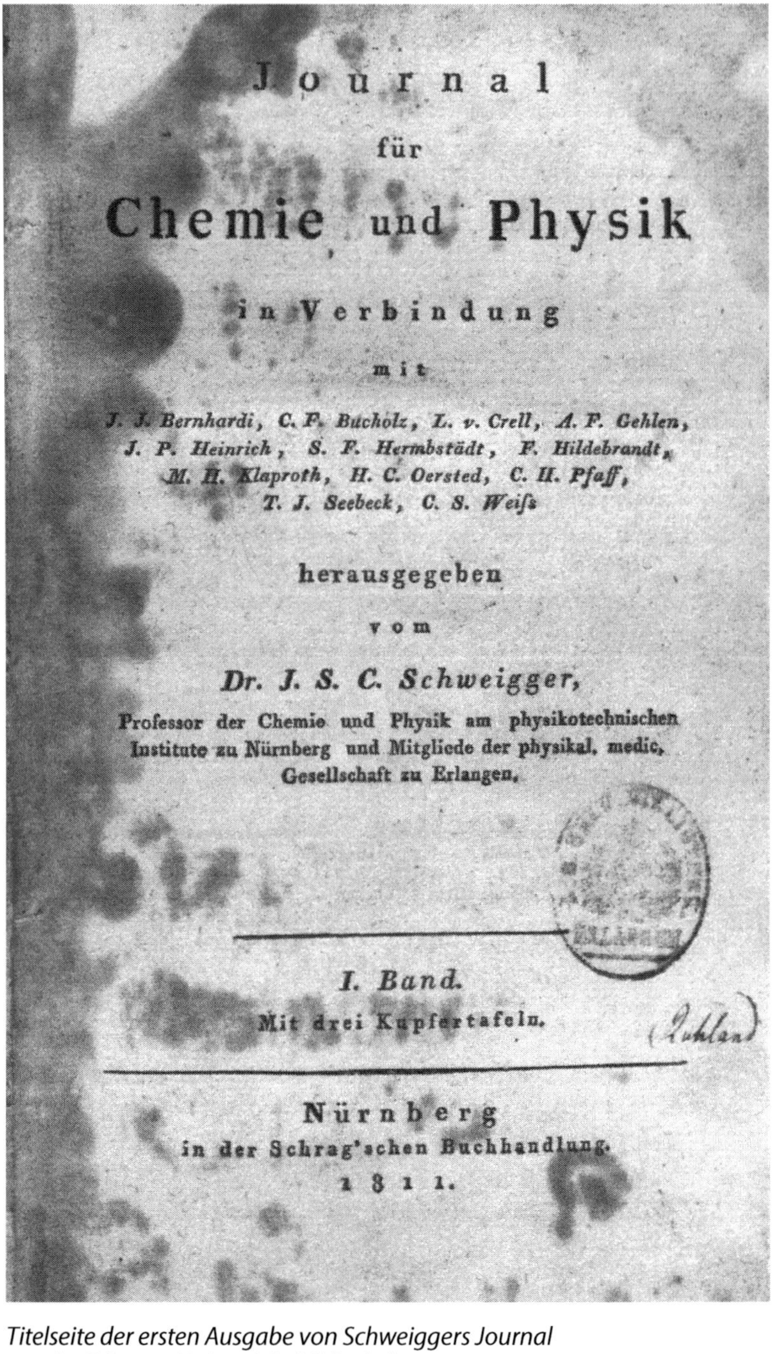

Journal

für

Chemie und Physik

in Verbindung

mit

J. J. Bernhardi, C. F. Bucholz, L. v. Crell, A. F. Gehlen, J. P. Heinrich, S. F. Hermbstädt, F. Hildebrandt, M. H. Klaproth, H. C. Oersted, C. H. Pfaff, T. J. Seebeck, C. S. Weiſs

herausgegeben

vom

Dr. J. S. C. Schweigger,

Professor der Chemie und Physik am physikotechnischen Institute zu Nürnberg und Mitgliede der physikal. medic. Gesellschaft zu Erlangen.

I. Band.

Mit drei Kupfertafeln.

Nürnberg

in der Schrag'schen Buchhandlung.

1811.

Titelseite der ersten Ausgabe von Schweiggers Journal aus der Erlanger Universitätsbibliothek

In Goethes Auftrag ließ Seebeck durch einen Nürnberger Töpfermeister Gipsabgüsse von den Apostelfiguren an Peter Vischers (um 1460-1529) berühmten „Sebaldusgrab" in St. Sebald machen, ebenso vom „Gänsemännchenbrunnen" am Nürnberger Obstmarkt, den Goethe fälschlicherweise auch für ein Werk Peter Vischers gehalten hat. (So kommt es, dass das Gänsemännchen heute als naturgetreuer Bronzeguss auch in Weimar steht.)

Schon 1816 kam ziemlich überraschend das Ende der Realstudienanstalt. In Bayern hatten sich die restaurativen Gegenspieler von Niethammers Schulpolitik durchgesetzt. Es war ihnen gelungen, den König auf ihre Seite zu bringen und den neuen Schultyp wieder abzuschaffen. (Erst 1907 entstand er in der Form der Oberrealschule neu.) Schweigger wechselte an die Universität Erlangen und zwei Jahre später nach Halle. Seebeck bekam eine Anstellung an der Akademie der Wissenschaften in Berlin. Dort entdeckte er 1821 die Thermoelektrizität und den nach ihm benannten „Seebeck-Effekt". Dieser besagt, dass in einem Kreis aus zwei aus verschiedenen Materialien bestehenden Leitern, deren Enden miteinander verbunden sind, eine elektrische Spannung entsteht, wenn die beiden Verbindungsstellen unterschiedliche Temperaturen haben. Heute dienen die auf dem „Seebeck-Effekt" beruhenden Thermoelemente als Messfühler bei Temperaturmessungen oder als thermoelektrische Generatoren zur Gewinnung elektrischer Energie, wenn entlegene Geräte (z.B. in Raumsonden oder in entlegenen Messstationen) dauerhaft zuverlässig mit Strom versorgt werden müssen.

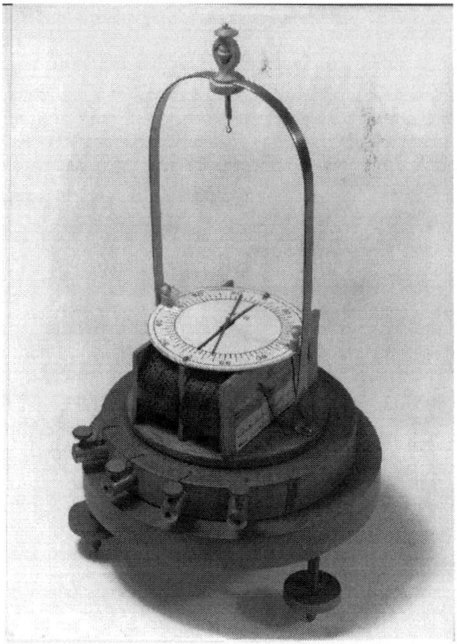

Der Schweiggersche Multiplikator

Schweiggers Journal erschien auch nach dessen Umzug nach Halle unter seiner Regie bis 1824 in Nürnberg, ehe der Verlagsort nach Halle verlegt wurde. 1820 wandte sich Schweigger enthusiastisch dem Elektromagnetismus zu und pries Oersteds Versuche als die *interessantesten, welche seit mehr als einem Jahrtausend hinsichtlich des Magnetismus angestellt wurden.*[11] Er experimentierte und theoretisierte und entwickelte zur deutlicheren Wahrnehmung der elektromagnetischen Erscheinungen einen „Multiplikator", das erste elektromagnetische Messinstrument weltweit. Dazu hatte er den stromführenden Metalldraht mit Wachs überzogen bzw. mit Seide umsponnen und zu einer Drahtschleife geformt, wodurch sich der Ausschlag der Magnetnadel je nach Windungszahl der Schleife erhöhte. Man konnte damit schwache Ströme in ihrer Stärke einigermaßen deutlich quantifizieren, auch wenn es weder den Begriff Stromstärke gab noch eine Maßeinheit dafür.

Oersted kam im Dezember 1922 noch einmal nach Nürnberg, traf aber vom früheren Kreis um Schweigger nur noch Pfaff an.[12] Nach Gesprächen in Erlangen und dem Besuch des „Thomastages" in Nürnberg, eines vorweihnachtlichen Studententreffens, reiste er weiter nach Paris und London zu Humphrey Davy. Bei diesem begegnet er zum ersten Mal dem Physiker Michael Faraday (1791-1867), der von Anfang an davon überzeugt ist, dass der elektrische Strom nicht nur Magnetismus erzeugen kann, sondern umgekehrt der Magnetismus auch elektrischen Strom. Doch der Durchbruch sollte ihm erst 1831 gelingen, als er feststellte, dass dann in einem elektrischen Leiter Strom erzeugt („induziert") wird, wenn sich das ihn umgebende Magnetfeld ändert. (Die Modellvorstellung eines Magnetfeldes mit Kraftlinien hat er zur Veranschaulichung seiner Theorie eingeführt.) Wenn der Leiter die Kraftlinien des Magnetfeldes schneidet, sei es, dass er selbst bewegt wird oder dass der Magnet bewegt wird oder dass sich um ihn herum das Magnetfeld einer elektrischen Spule durch Ein- oder Ausschalten oder Änderung der Stromstärke [1]ändert, wird im Leiter Strom induziert. Wie 1731 Stephen Gray für die Entdeckung der möglichen Weiterleitung von der Elektrizität, Benjamin Franklin 1753 für die Erfindung des Blitzableiters, 1794 Alessandro Volta für seine Batterie und 1820 Hans Christian Oersted für die Entdeckung Elektromagnetismus wird Faraday für die Entdeckung der elektrischen Induktion 1832 mit der Copley-Medaille der Royal Society in London ausgezeichnet, damals der weltweit höchsten Ehre für Naturwissenschaftler.

[1] Oersted: Experimenta circa effectum Conflictus electrici in Acum magneticam, in: Journal für Chemie und Physik, 29. Band, Nürnberg 1820, S. 273-281.
[2] Ludwig Darmstaedter: Thomas Johann Seebeck, in: VDI-Nachrichten, 1927, Nr. 17, S. 2.
[3] Journal für Chemie, Physik und Mineralogie, 9. Bd, Berlin 1819, Schlussrede.
[4] Theodor Bischoff: Die Realstudienanstalt in Nürnberg, Nürnberg 1884, S. 18.
[5] Ludwig Darmstaedter: Thomas Johann Seebeck, in: VDI-Nachrichten, 1927, Nr. 17, S. 2.
[6] Julius Schiff: J. S. C. Schweigger und sein Briefwechsel mit Goethe, in: Die Naturwissenschaften (Hrsg. Arnold Berliner), Dreizehnter Jahrgang, Berlin 1925, S. 556.
[7] Allgemeines Intelligenzblatt der Stadt Nürnberg, Nro CIV, vom Freitag, 4. Sept. 1812 unter „Angekommene Fremde vom 28. August bis 3. Sept".
[8] Johann Carl Leuchs: Zehn Tausend Erfindungen und Ansichten aus einem Leben, Erster Band, Nürnberg 1870, S. 82 f.
[9] G.W.F. Hegel: Enzyklopädie der philosophischen Wissenschaften. Zweiter Teil: Die Naturphilosophie, § 324, S. 274, Suhrkamp Werkausgabe, 1970, S. 324.
[10] Rebekka Habermas: Frauen und Männer des Bürgertums, Göttingen 2002, S. 182 ff.
[11] Johann Salomo Schweigger: Zusätze zu Oersteds elektromagnetischen Versuchen. Vorgelesen in der naturforschenden Gesellschaft zu Halle am 16. September 1829. in: Journal für Chemie und Physik Band 31, Nürnberg 1821, S. 1-17.
[12] Mathilde Oersted: Breve fra og til Hans Christian Oersted, Kopenhaven 1870, vol I page 301, vol II, pp. 35-36 und Ludwig Hermann, Unveröffentlichte Briefe und Dokumente des Physikers Hans Christian Oersted, in: Archiv für die Geschichte der Mathematik, der Naturwissenschaften und der Technik, 13. Bd., Berlin 1930, S. 328.

Elektromagnetismus und elektrische Induktion

Elektromagnetismus und elektrische Induktion zeigen den Zusammenhang von Magnetismus und Elektrizität.

Der Elektromagnetismus
Zwischen den Polen eines Magneten wirkt ein magnetisches Kraftfeld, dessen Struktur durch Eisenfeilspäne oder kleine Magnetnadeln zu erkennen ist. Auch um einen stromdurchflossenen Leiter erkennen wir ein solches Magnetfeld, das umso stärker ist, je größer die Stromstärke ist. Die Richtung des Magnetfeldes wurde ebenso wie die Stromrichtung willkürlich von dem französischen

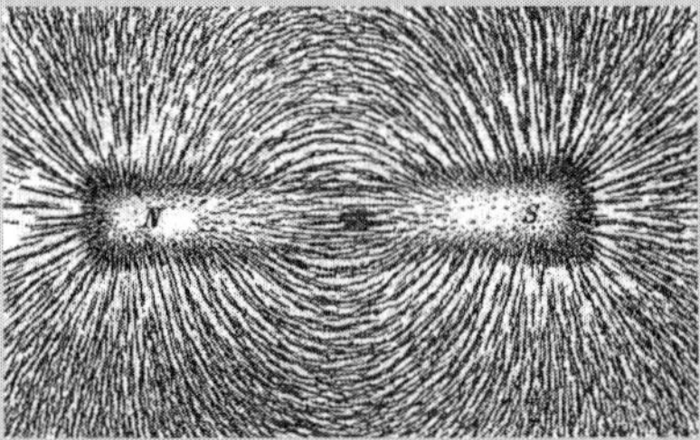

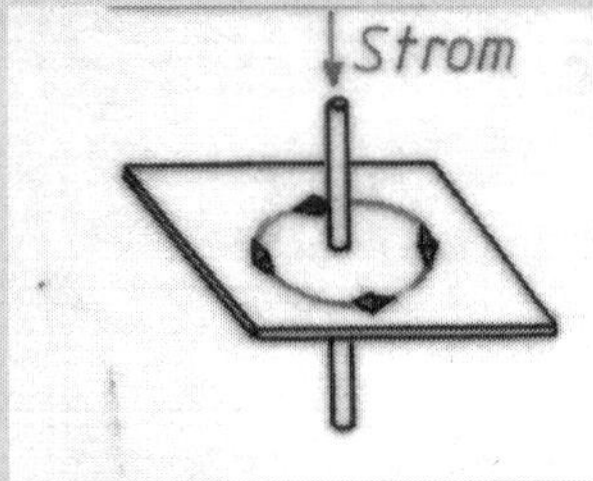

Die Kraftlinien sind geschlossen. Sie verlaufen im Magneten vom Süd- zum Nordpol, außerhalb vom Nord zum Südpol (links). Die Kraftlinien sind geschlossen. Ihre Richtung hängt von der Stromrichtung ab (rechts).

Physiker André-Marie Ampere (1775-1836) festgelegt, wobei er die Stromrichtung gegen die Richtung des Elektronenflusses festlegte, von dem er noch nichts wusste. Der Zusammenhang zwischen der Richtung des Magnetfeldes ergibt sich nach der sogenannten „Rechtsschraubenregel“: Denkt man sich eine üblich Rechtsschraube in Stromrichtung in den Leiter hineingedreht, dann verläuft das Magnetfeld in der Drehrichtung der Schraube.

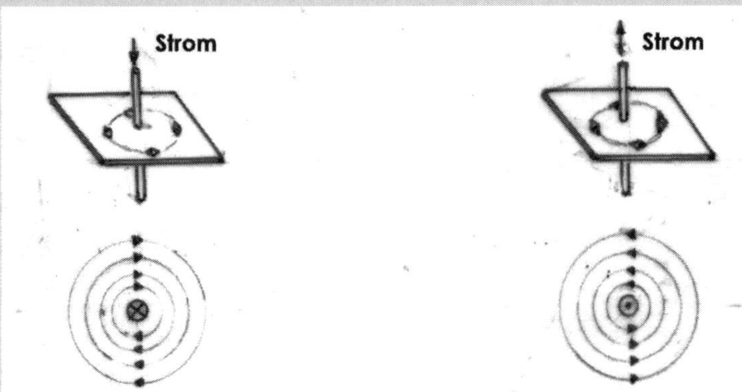

Wickelt man den Leiter zu einer Spule, dann wirkt diese wie ein Stabmagnet mit Nord- und Südpol, wobei sich die Polarität mit der Stromrichtung ändert. Reduziert man die Spule auf eine einzige Windung (Leiterschleife), dann hat diese bereits das Feld eines Stabmagneten mit Nord- und Südpol.

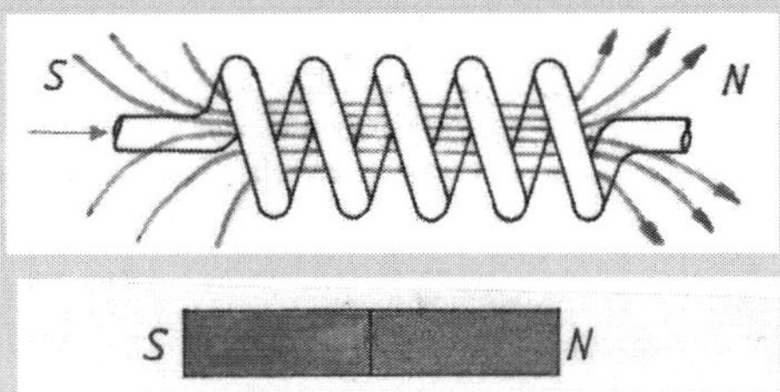

Das gilt im Prinzip für jedes einzelne Elektron, das sich im Kreise bewegt. Und tatsächlich erklärt sich der Magnetismus eines Dauermagneten aus der Bewegung von Elektronen im Atomverbund, auch wenn es nicht ganz so einfach ist, sondern über die Quantentheorie mit dem „Elektronenspin" ein zusätzlicher Bahndrehimpuls des Elektrons bemüht werden muss, durch den in ferromagnetischen Werkstoffen wie Eisen oder Nickel quasi unzählige kleine Elementarmagnete entstehen, die sich durch ein von außen einwirkendes Magnetfeld in die gleiche Richtung lenken lassen.

Betrachtet man eine drehbar gelagerte Spule im Magnetfeld, dann stellt man fest, dass sie gedreht wird, wenn durch sie Strom fließt. Ihr Nordpol dreht sich zum Südpol des Magneten, ihr Südpol zum Nordpol des Magneten.

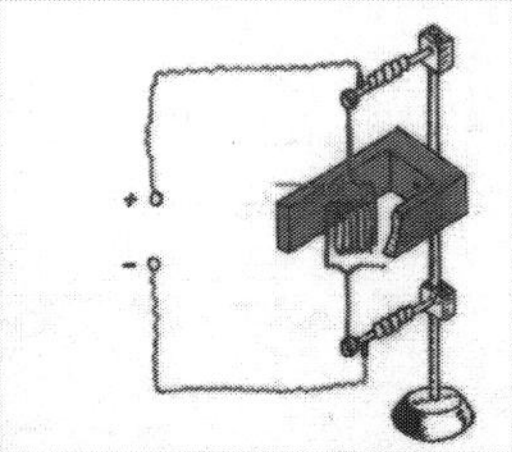

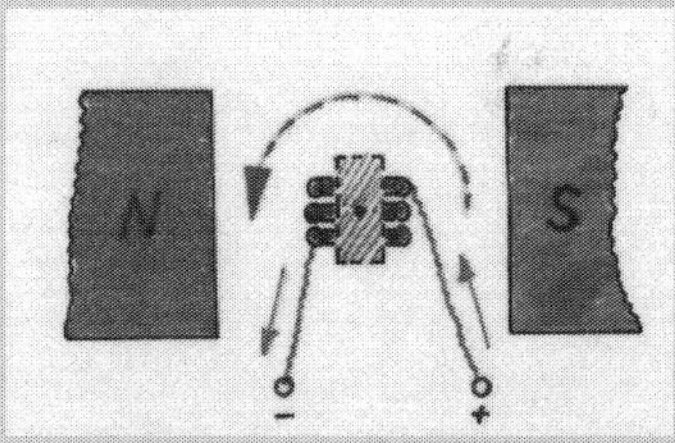

Nach diesem Prinzip arbeiten Drehspulmessgeräte und bei Lagerung der Spule auf einer drehbaren Achse Elektromotoren. Man muss bei den Motoren nur dafür sorgen, dass sich die Polarität der Spule nach jeder Halbdrehung ändert, weil sie dann zwangsläufig weitergedreht wird. Für diese laufende Umpolung sorgt der Kommutator (von lat. commutare = vertauschen) auf der Spulenachse. Weitere wichtige Anwendungen des Elektromagnetismus waren zunächst Schalter aller Art, insbesondere für die Telegrafentechnik, später u.a. die Kathodenstrahlröhre, bei der ein gebündelter Elektronenstrahl von durch Spulen erzeugten Magnetfeldern aus seiner ursprünglichen Richtung gelenkt wird.

Die elektrische Induktion

Ändert sich um einen elektrischen Leiterkreis das Magnetfeld, dann wird in dem Leiter eine elektrische Spannung induziert. Das kann auf zweierlei Weise geschehen:

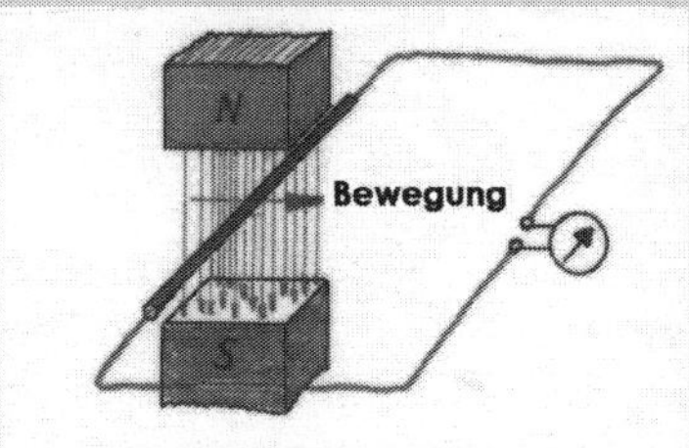

a) Man bewegt eine geschlossene Leiterschleife in einem Magnetfeld. Während der Bewegung fließt ein elektrischer Strom. Seine Richtung hängt von der Bewegungsrichtung ab.

b) Man schaltet den Strom durch eine Spule ein oder aus und baut somit ein Magnetfeld auf oder ab, das über den Eisenkern eine zweite Spule erfasst. Oder man ändert durch einen regelbaren Widerstand die Stromstärke und ändert damit die Stärke des Magnetfeldes. In der zweiten Spule wird während des Einschaltens ein Stromstoß in der einen Richtung und während des Ausschaltens in der andern Richtung gemessen. Bei der Änderung der Stromstärke über den regelbaren Widerstand wird in der zweiten Spule ebenfalls Spannung induziert, deren Richtung davon abhängt, ob das von der ersten Spule erzeugte Magnetfeld größer oder kleiner wird.

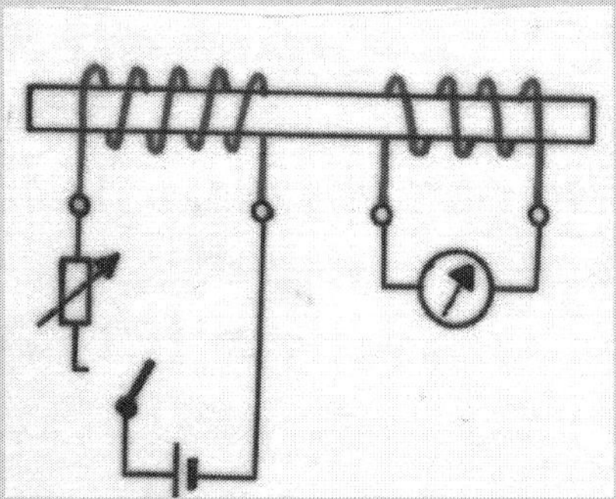

Die durch Induktion erzeugte Spannung ist in allen Fällen so gerichtet, dass der von ihr verursachte Stromfluss ein Magnetfeld erzeugt, das der Magnetfeldänderung entgegenwirkt. Nach dem Induktionsprinzip erzeugen Generatoren (Dynamos) elektrische Energie. In der Wechselstromtechnik wandeln Transformatoren elektrischer Energie um, indem sie durch unterschiedliche Windungszahlen die Spannung vergrößern oder verkleinern.

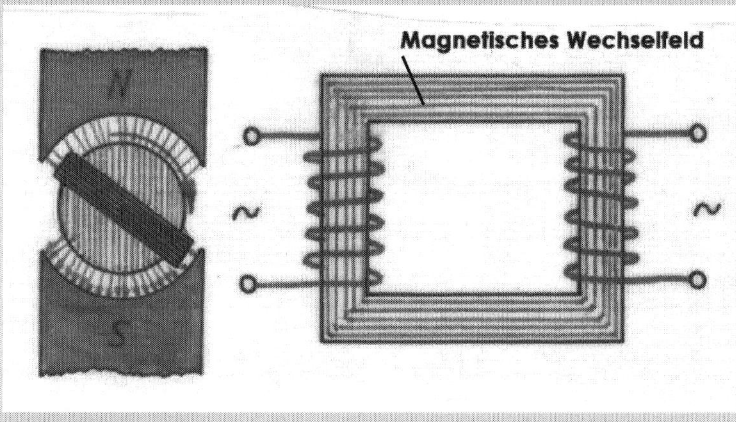

Generatorprinzip *Transformatorprinzip*

Kap. 12 Georg Simon Ohm und das Ohmsche Gesetz

Georg Simon Ohm

Jeder Schüler und jede Schülerin lernen heutzutage im Physikunterricht das „Ohmsche Gesetz". In der Schreibweise I = U/R ist es die fundamentale Gleichung für den Gleichstromkreis. I steht dabei für die elektrische Stromstärke, U für die elektrische Spannung und R für den elektrischen Widerstand. Benannt ist es nach dem in Erlangen geborenen Mathematiker und Physiker Georg Simon Ohm (1789-1854), der dafür von der Royal Society in London 1841die Copley-Medaille verliehen bekommen hat und damit in eine Reihe mit Oersted und Faraday gestellt worden ist. Bei seiner Ehrung, die er als Rektor der Polytechnischen Schule in Nürnberg erlebte, waren jedoch bereits 16 Jahre seit der Entdeckung des Gesetzes vergangen, weil dessen große Bedeutung lange Zeit nicht erkannt worden war.

Ohm hatte in Erlangen Mathematik, Physik und Philosophie studiert und danach in Bamberg an der Realstudienanstalt unterrichtet. Nach deren Schließung im Jahre 1816 geht er nach Köln (Königreich Preußen) an ein von Jesuiten geführtes Gymnasium. Von Oersteds Entdeckung des Elektromagnetismus ist er so fasziniert, dass er sich der genaueren Erforschung des elektrischen Stromkreises zuwendet, wobei man damals von der „galvanischen Kette" sprach. Sie bestand aus dem galvanischem Element bzw. der Voltasäule und dem Leitungsdraht, der die beiden Pole dieser Stromquelle über eine längere oder kürzere Strecke verband. Ohm war ein hervorragender Experimentator und Mathematiker. Unter den Naturwissenschaftlern gehörte er zu den sogenannten „Atomisten", die in der Tradition von Galilei oder Newton nach mathematisch darstellbaren Gesetzen suchten, im Gegensatz zu den ganzheitlich und naturphilosophisch denkenden Wissenschaftlern, zu denen die meisten deutschen Naturforscher gehörten und die man als „Dynamisten" bezeichnete, die bei der galvanischen Kette nach Erklärungen für Wirkungszusammenhänge suchten. Ohm setzte sich dagegen das Ziel, ein mathematisches Gesetz

Ohms Torsionsgalvanometer

für den Stromfluss in der galvanischen Kette zu finden. Galilei hatte schließlich auch nicht danach gefragt, warum ein Stein nach unten fiel, sondern danach, wie er fiel. Ohm wollte auf der Grundlage von exakten Messwerten aus vielen unterschiedlichen Versuchsreihen einen mathematischen Zusammenhang zwischen der Stärke des elektrischen Stromflusses, der Kraft der Spannungsquelle und der Länge des Drahtes finden (Den Begriff „Widerstand" gab es noch nicht, dafür stand die Drahtlänge). Auf die Stärke des Stromes schloss Ohm über die Messung der Stärke des vom Strom erzeugten Magnetismus. Dazu baute er ein sehr empfindliches Torsionsgalvanometer. Als Stromquelle dienten ihm die von Seebeck erfundenen Thermoelemente aus Kupfer und Wismut, deren einer Schenkel in Eiswasser von 0° C und deren anderer Schenkel in siedendes Wasser von 100° C getaucht wurden. An diese Stromquelle schloss er in zeitlicher Reihenfolge Kupfer- und Messingdrähte von einfacher bis hin zu 65-facher Länge an. Doch er musste feststellen, dass aus den Messreihen kein offensichtlicher mathematischer Zusammenhang zu erkennen war, der auf eine zugrunde liegende Formel schließen ließ, so sehr er auch die einfache und die höhere Mathematik bemühte. Erst im Januar 1826 erkannte er, dass sich die Messreihen dann in einen mathematischen Zusammenhang bringen ließen, wenn man zur Länge des Kupferdrahtes jeweils eine feste, nur von der jeweils verwendeten Stromquelle abhängige Konstante x hinzuzählte.

Es ergab sich die Formel $X = \frac{a}{b+x}$

wobei das große X für die Anzahl der Teilstriche am Galvanometer steht (d. h. für die Stromstärke), a für die erregende Kraft der jeweils verwendeten Batterie, b für die Länge des verwendeten Kupferdrahtes. Das kleine x ist eine konstante Größe, die ebenfalls von der verwendeten Batterie abhängt und in der Formel wie eine zusätzliche Drahtlänge erscheint. (Heute wissen wir, dass es sich um den Innenwiderstand der Stromquelle gehandelt hat, der das Messergebnis wie ein zusätzliches Drahtstück beeinflusst hat.)

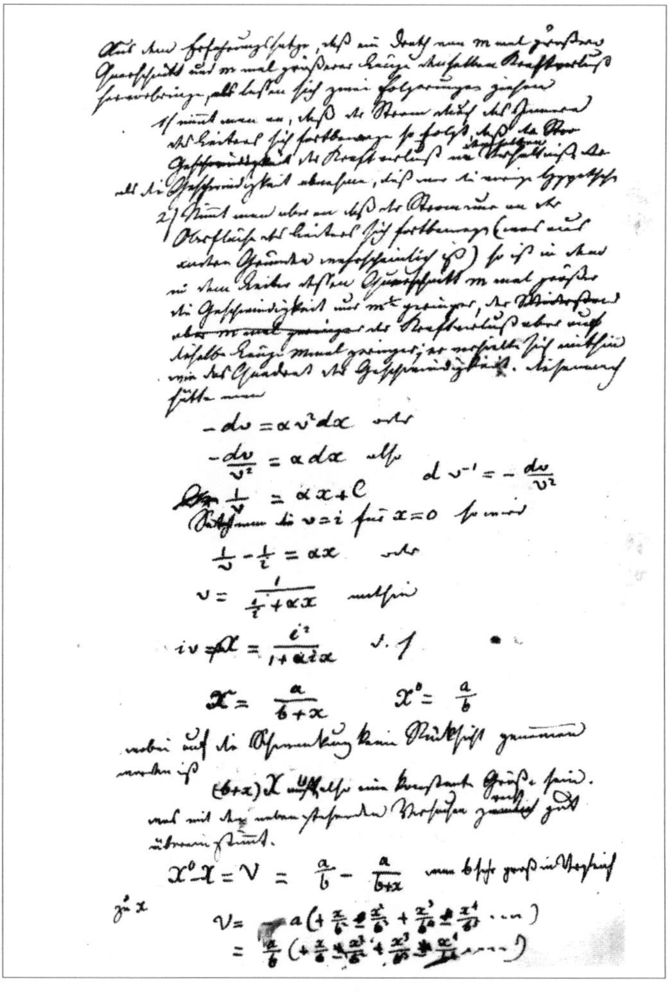

Die Seite im Laborbuch Ohms vom 11. Januar 1826, auf der das Ohmsche Gesetz zum ersten Mal auftaucht in der Form $X = \frac{a}{b + x}$

Zum Verständnis des Problems und Ohms gedanklicher Leitung sei das folgende hypothetische (und gegenüber Ohms Messwerten sehr vereinfachte) Beispiel für eine solche Messreihe und für den richtigen Schluss daraus eingeschoben, wobei Ohm in Zoll gemessen hat:

Zeile 1	Verwendete Drahtlänge l in Zoll	1	2	4	8
Zeile 2	Angezeigte Teilstriche als Maß für die Stärke des Stromes X	45	30	18	10

Zwischen den Zahlenreihen in Zeile 1 und Zeile 2 ist kein mathematischer Zusammenhang zu erkennen, wie etwa eine sich auf den ersten Blick evtl. grob andeutende umgekehrte Proportionalität. Eine exakt umgekehrte Proportionalität erhält man erst dann, wenn man in Zeile 1 jeweils 1 Zoll Drahtlänge hinzuzählt:

Zeile 3	Drahtlänge l + 1 Zoll	2	3	5	9

Die Zeilen 2 und 3 verhalten sich jetzt umgekehrt proportional zueinander, d. h. in diesem konkreten Beispiel ergibt sich jeweils ein konstantes Produkt von 90. Als Formel lässt sich für das Beispiel schreiben:

Stärke des Stromes X = 90/(Drahtlänge+1 Zoll) oder allgemein: X = (Konstante a)/(Drahtlänge b+Konstante x)

Um sich zu vergewissern, dass die Formel generell stimmt, hat Ohm seine Versuchsreihen mehrfach wiederholt und dabei auch Drähte verschiedener Durchmesser benützt und die Temperaturen der Verbindungsstellen der Thermoelemente variiert. Das gefundene Gesetz erwies sich stets als richtig. Er veröffentlicht es 1825 in einer sehr kurzen, vorläufigen Anzeige in Schweiggers „Journal für Chemie und Physik" [1] und in Poggendorfs „Annalen der Physik und Chemie".[2] 1826 erscheint in Schweiggers „Journal für Chemie und Physik" ein etwas ausführlicher Artikel Ohms.[3]

Zu dieser Zeit lag bereits ein Gesuch von Ohm beim Preußische Ministerium für geistliche und Unterrichtsangelegenheiten in Berlin, in dem er bittet, ihn für ein Jahr zu beurlauben, damit er sich noch intensiver seinen Forschungsarbeiten widmen könne. Dies wird ihm bewilligt und er scheibt sein Werk „Die galvanische Kette mathematisch bearbeitet", das 1827 erscheint.[4] Ein Exemplar reicht er beim Ministerium ein mit der Bitte, ihm eine berufliche Aufgabe zu übertragen, in der er seine Forschungen weiterführen kann, wobei er wohl an eine Stelle an der Universität denkt. Ein anderes Exemplar von Ohms Schrift gelangte an Georg Friedrich Pohl (1788-1849), der am Friedrich-Wilhelm-Gymnasium in Berlin Physik unterrichtete und ein Jahr zuvor das Buch „Der Process der galvanischen Kette“[5] herausgegeben hatte. Dieses war vom Kieler Hochschullehrer und „Atomisten“ Christoph Heinrich Pfaff (1773-1852), wegen *grob sinnlicher, das wahre Wissen verkennender Trugbilder* gnadenlos abgekanzelt und in die Nähe des Okkultismus gerückt worden.[6] Jetzt bietet Ohms Schrift dem gedemütigten „Dynamisten“ Pohl die Gelegenheit, gegen die atomistischen Erbsenzähler zurückzuschlagen. Er wirft Ohm vor, dass er keinerlei Antworten auf die Fragen nach dem Wesen der physikalischen Phänomene zu bieten hätte, etwa darauf, wie in einem galvanischen Element elektrische Vorgänge durch chemische Prozesse hervorgerufen werden. Mit Ohms mathematischem Zahlenwerk kann er nicht nur nichts anfangen, sondern tadelt es als völlig abwegig. Es sei absurd, elektrische Vorgänge nicht zu ergründen und zu erklären, sondern rein mathematisch nachbilden zu wollen. Es sei so, *als wenn an der Stelle des versprochenen lehrreichen Berichtes einer Reise, die durch eine lebendige Mannigfaltigkeit naturhistorischer Merkwürdigkeiten hindurch führt, nichts weiter als nur ein sorgfältig ausgefülltes Formular über die Geschwindigkeit, mit welcher eine Station nach der andern zurückgelegt worden, uns dargeboten würde.*“[7]

Polytechnische Schule in Nürnberg (heutiger Bauhof)

Für Ohm ist das nicht nur sehr ärgerlich, sondern persönlich und wirtschaftlich auch folgenschwer, denn im preußischen Unterrichtsministerium teilt man die Auffassung Pohls. Er erhält auf sein Gesuch um eine neue Arbeitsstelle nur drei Rezeptionsstunden wöchentlich an der Allgemeinen Kriegsschule Berlin mit der Aufgabe, Übungen aus dem Gebiet der angewandten Mathematik durchzuführen, wofür er ein Jahresgehalt von 300 Talern erhält, wovon schon 100 Taler für die Miete seiner Wohnung weggehen. In dieser Situation bewirbt er sich um eine Anstellung in Bayern. Er bekommt 1833 eine Stelle an der königlich-bayerischen polytechnischen Schule in Nürnberg für ein Jahresgehalt von 800 Gulden, davon 75 Gulden in Form von Getreide.[8] Dort lehrt er Mathematik und Physik und erlebt 1835 die Fahrt der ersten deutschen Eisenbahn zwischen seinem neuen Wohnort und der Nachbarstadt Fürth, deren Direktor Johannes Scharrer (1785-1844) gleichzeitig Rektor von Ohms Lehranstalt gewesen ist.

Der erste, der Ohms Gesetz ganz ernsthaft experimentell unter die Lupe nimmt und dann bestätigt, ist 1831 Gustav Theodor Fechner (1801-1887) in Leipzig. Er schreibt, dass man das von Ohm gefundene Gesetz als das *„Grundgesetz der Galvanischen Kette"* bezeichnen könne.[9] Von diesem Zeitpunkt an wird das Gesetz allmählich wenigstens im Kreis der deutschen Physiker anerkannt.

Das Ausland nahm von Ohm zunächst keine Notiz. 1837 veröffentlicht der französische Physiker Claude Servais Mathias Pouillet (1791-1868) eine Abhandlung zur Berechnung der elektrischen Stromstärke. In deutscher Übersetzung erscheint sein Aufsatz[10] im gleichen Jahr in den von Johann Christian Poggendorf (1796-1877) herausgegebenen *„Annalen der Physik und Chemie"*. Poggendorf merkt an, dass *die Resultate dieser Abhandlung zum Theil nur Bestätigung der von Ohm entdeckten, auch von Fechner beobachteten Gesetze sind*. Auch wenn Pouillet die Arbeiten von Ohm kaum gekannt haben dürfte, so warf man ihm jetzt in französischen Fachzeitschriften vor, er habe von Ohm abgeschrieben. Durch diese Auseinandersetzung in den französischen Journalen, die man auch in England im Gegensatz zu den deutschen aufmerksam liest, werden die Engländer auf Ohms Werk aufmerksam und bemerken, wie lange dem Deutschen durch Miss- bzw. Nichtbeachtung seines physikalischen Gesetzes Unrecht getan worden war. Immerhin ist inzwischen weit mehr als ein Jahrzehnt vergangen, in dem u.a. Michael Faraday wegen der Entdeckung der Induktion gefeiert worden war. Die Royal Society beschließt, Georg Simon Ohm für das Jahr 1841 mit der Copley-Medaille zu ehren.

Ohm, der 1839 als Nachfolger von Johannes Scharrer Rektor der Polytechnischen Schule geworden war, wendet sich nach dieser hohen Auszeichnung neben der Lehre wieder mehr der Forschung zu. Als in München durch den Weggang von Carl August Steinheil (1801-1870), der sich vor allem durch Erfindungen von Telegrafenapparaten einen Namen gemacht hatte, die Stelle eines „Konservators der mathematisch-physikalischen Sammlung" verbunden mit einer Professur für Mathematik und Physik an der Universität frei wird, beruft man ihn 1850 nach München. Im gleichen Jahr wird er Ehrenbürger der Stadt Nürnberg.

In der Folge häufen sich die Auszeichnungen. Ohm erhält u. a. vom bayerischen König den „Verdienstorden des heiligen Michael" und den „Maximiliansorden für Wissenschaft und Kunst". 1854 erleidet er einen ersten leichten und dann einen schweren Schlaganfall, an dem er am 6. Juli 1854 stirbt. Zu dieser Zeit wird das Ohmsche Gesetz schon in Schulbüchern behandelt, allerdings immer noch mit Drahtlängen ohne den Begriff Widerstand.[11] Die internationale Maßeinheit Ohm (Formelzeichen 'Ω) für die elektrische Größe Widerstand wird 1881 eingeführt.

[1] Journal für Chemie und Physik, Bd. 44, Halle 1825, S. 110-118.
[2] Annalen der Physik und Chemie, Band 4, 1824, S. 79-88.
[3] Georg Simon Ohm: Bestimmung des Gesetzes, nach welchem Metalle die Contactelektricität leiten, nebst einem Entwurf zu einer Theorie des Voltaischen Apparates und des Schweiggerschen Multiplikators, in: Journal für Chemie und Physik, Bd. 46, Halle 1826, S. 137-166.
[4] Georg Simon Ohm: Die galvanische Kette mathematisch bearbeitet, Berlin 1827.
[5] Georg Friedrich Pohl: Der Process der galvanischen Kette, Leipzig 1826.
[6] Christoph Heinrich Pfaff, in: Gehlers Physikalisches Wörterbuch, Bd. IV, 2, Leipzig 1828, S. 817.
[7] Georg Friedrich Pohl: Die galvanische Kette, mathematisch bearbeitet von Dr. G. S. Ohm, in: Jahrbücher für wissenschaftliche Kritik, 1928, Bd 1, Nr 11bis 13, Spalten 85-103, Berlin 1828.
[8] Bernd Nürnberger (Hrsg.): Georg Simon Ohm – nachgelassene Schriften und Dokumente aus seinem Leben, Erlangen und Jena 2002, S. 297.
[9] Gustav Theodor Fechner: Maßbestimmungen über die galvanische Kette, Leipzig 1831, S. 275.
[10] Claude Servais Mathias Poillet: Über die Volta´sche Säule und über das allgemeine Gesetz für die Intensität der Ströme einer einfachen Kette und einer Säule von großer und kleiner Spannung, in: Annalen der Physik und Chemie, Hrsg. J. C. Poggendorf, 2. Reihe, Band 12, Leipzig 1837, S. 281-297.
[11] Johann Müller: Grundriß der Physik und der Meteorologie für Lyceen, Gymnasien, Gewerbe- und Realschulen sowie zum Selbstunterricht, Braunschweig 1850.

Kap. 13 Frühe Ansätze von Telegrafie und Starkstromtechnik in Nürnberg

Seit der Entdeckung des Elektromagnetismus durch Oersted und der elektrischen Induktion durch Faraday gab es immer wieder Tüftler, die versuchten, die Elektrizität auch technisch zu nutzen. Ihnen ging es vor allem um die Konstruktion von Generatoren und Elektromotoren und um die Suche nach praxistauglichen Lösungen für ein elektromagnetisches Telegrafensystems. In Nürnberg hat sich diese Phase der Technikgeschichte durch wegweisende Telegrafieversuche des Physikers Carl August Steinheil (1801-1870) und durch den Bau eines ersten Elektromotors durch den Mechaniker Peter Bauer (1783-1847) niedergeschlagen.

Mit dem uralten Übermitteln von Nachrichten über Buschtrommeln und Feuerzeichen konnten die Menschen nur fest vereinbarte Botschaften übermitteln, aber keine frei formulierten Nachrichten austauschen. Das ermöglichte erst das Telegraphieren als ein „In-die-Ferne-Schreiben". Es begann gegen Ende des 18. Jahrhunderts als optische Telegrafie in Frankreich, als zwischen wichtigen Städten auf Bergkuppen, Kirchen oder anderen hohen Gebäuden Flügeltelegrafen aufgestellt worden sind. Das waren hohe Masten mit verstellbaren Flügeln, die je nach Zeichen unterschiedlich eingestellt werden konnten. Unter Napoleons Herrschaft war man in der Lage, damit eine Depesche von Paris nach Venedig in weniger als 20 Minuten zu übertragen, wozu ein Brief zwei Wochen benötigt hätte.

Die Flügel der Preußischen Telegrafenlinie auf der Dahlemer Dorfkirche

In den deutschen Kleinstaaten begnügte man sich lange mit der Nachrichtenübermittlung durch Boten. Erst 1832 richtete das Königreich Preußen eine 550 km lange optische Telegrafenlinie mit 62 Stationen zwischen Berlin und Koblenz ein, obwohl man zu dieser Zeit schon über tages- und wetterunabhängige elektromagnetische Telegrafen-Anlagen nachdachte. Die erste einigermaßen funktionierende Lösung schufen 1833 die beiden Göttinger Professoren Carl Friedrich Gauß (1777-1855) und Wilhelm Weber (1804-1891). Sie spannten zwischen der dortigen Universität und der einen Kilometer entfernt gelegenen Sternwarte zwei dünne Eisendrähte über die Dächer der Stadt hinweg.

Als Sender diente ihnen eine Induktionsspule, die mit einem Hebel auf einem Dauermagneten verschoben wurde, wodurch elektrische Stromstöße entstanden. Als Empfänger diente ein Galvanometer, das diese Impulse anzeigte. Gauß schrieb 1833 an den Naturforscher Alexander von Humboldt (1769-1835), dass die Übertragung eines Buchstabens weniger als eine Minute dauert. Er ist davon überzeugt, auf diese Weise künftig riesige Entfernungen überwinden zu können, wenn es erst einmal überall Eisenbahnen geben würde, deren dicke Metallgleise die dünnen Leitungsdrähte ersetzen könnten.[1]

Von dieser Vision war der Münchener Professor Carl August Steinheil (1801-1870) der für den bayerischen König an der Entwicklung eines brauchbaren Telegraphensystems arbeitete, fasziniert. Da seit 1835 auf bayerischem Boden zwischen Nürnberg und Fürth die erste deutsche Eisenbahn fuhr, bat er im Mai 1838 die Ludwigs-Eisenbahn-Gesellschaft um Genehmigung, in Nürnberg Versuche durchführen zu dürfen. Deren Direktor Johannes Scharrer (1785-1844) zeigte sich durch die Anfrage sehr geehrt und schrieb zurück: *Wir werden mit Freuden jeden Ihrer Wünsche in dieser Beziehung entgegenkommen, indem wir es als eine besondere Gunst betrachten, daß unsere Anstalt zur Förderung einer so wichtigen und interessanten Erfindung beitragen kann.*[2] Im Juni 1838 kam Steinheil nach Nürnberg, ließ auf einer Probestrecke die Enden der

Carl August Steinheil

An der Ludwigseisenbahn wurde die Erde als Rückleiter entdeckt.

Schienenstränge mit Kupferdrähten miteinander verbinden und schickte dann Stromstöße durch die Schienen. Doch diese wirkten bestenfalls über dreißig Schienenlängen hinweg, denn die beiden parallelen Schienenstränge waren gegeneinander nicht genügend isoliert. Um zu prüfen, ob die Schienen wenigstens als Rückleiter taugten, ließ Steinheil neben der Strecke eine Kupferleitung als Hinleitung spannen und verband diese am Ende der Stecke mit den Schienen als Rückleitung. Zu seiner Überraschung stellt er fest, dass diese Anlage auch dann funktionierte, wenn der Schienenstrang zwischendurch unterbrochen war.[3] Er hatte herausgefunden, dass man die Erde als Rückleiter verwenden konnte, d. h. zur Realisierung einer Telegrafenverbindung nur ein einziger Draht notwendig war, was das Telegrafieren wesentlich billiger machte. So wurde die Ludwigs-Eisenbahn neben der Bahn von London nach Birmingham, an der noch im gleichen Jahr auf einem 2,4 km langen Streckenabschnitt eine Telegrafenlinie zur Probe errichtet worden ist, zu einer der allerersten Bahnstrecken, die bei der Entwicklung der Fernschreibtechnik eine ganz besondere Rolle gespielt haben. Ob die Messungen auf Nürnberger oder Fürther Gebiet ausgeführt worden sind, lässt sich nicht mehr feststellen, auch wenn man in Fürth glaubt, aus einer nicht mehr auffindbaren Rechnung sei herauszulesen gewesen, dass Steinheil seine Instrumente nach Fürth transportieren ließ, die Versuche deshalb dort vonstattengegangen sein müssten und daher der Kleeblattstadt der Ruhm gebühre.

Während Steinheil in München, Charles Wheatstone (1802-1875) in England und der Kunstmaler Samuel Morse (1791-1872) in Amerika an der Entwicklung der Telegrafie arbeiteten, dachten andere über die Konstruktion von Elektromotoren nach. Der deutsche Physiker und Ingenieur Moritz Hermann von Jacobi (1801-1874) versuchte es 1834 mit einer konzentrischen Aneinanderreihung von mehreren Elektromagneten auf einer drehbaren Scheibe, denen ebenso viele festverankerte Elektromagnete gegenüber standen. Über einen von ihm erfundenen, an der Drehachse angebrachten Stromwender fand immer dann, wenn sich die Spulen beider Ebenen genau gegenüberstanden, ein Stromrichtungswechsel in den Spulen der drehbaren Scheibe statt, so dass sie nach vorausgegangener Anziehungsphase wieder abgestoßen und damit zur nächsten festverankerten, jetzt anziehenden Spule weitergereicht wurden. Durch eine solche wechselnde

Elektromotor von Jacobi

Anziehung und Abstoßung der Magnetpole wurde die Scheibe im Kreise gedreht. Der elektrische Strom kam aus galvanischen Elementen. Solche Erfolge weckten allgemein große Hoffnungen. 1836 schreibt die in Nürnberg erscheinende Allgemeine Polytechnische Zeitung, man habe entdeckt, dass zur Fortbewegung von Wagen und Schiffen Galvanismus statt des Dampfes angewendet werden kann.[4] 1838 ließ der inzwischen im Auftrag des Zaren in St. Petersburg tätige Jacobi einen Elektromotor auf ein Marine-Boot montieren, zusammen mit einer teuren elektrischen Batterie aus je 320 Platin- und Zinkplatten. Daneben hatten noch 12 Personen Platz. Mit diesem Gefährt kreuzte er mit einer Geschwindigkeit von 2,5 km/h auf dem Fluss Newa. Während einer Versuchsphase von drei Monaten verloren die Zinkplatten 24 Pfund an Gewicht. Wie bei der Dampfmaschine die Kohlen, diente beim Elektromotor das Zink als „Treibstoff"; es wurde bei der Stromgewinnung zersetzt.[5] Die Experimente von Jacobi hatte der russische Zar mit 25.000 Rubel in der Hoffnung gefördert, dass in seinem Land der erste brauchbare Elektromotor entwickelt werden könnte.[6]

In Deutschland war man von staatlicher Seite aus ebenfalls an einer praxistauglichen Antriebskraft durch Elektrizität interessiert, weil die herkömmlichen Dampfmaschinen nur den größeren Fabriken dienten und man aus politischen Gründen die vielen mittelständischen Handwerksbetriebe fördern wollte. Als der Frankfurter Kaufmann und Erfinder Johann Philipp Wagner (1799-1879), der sich schon durch die Erfindung des automatischen Selbstunterbrechers im Gleichstromkreis (Wagnerscher Hammer) einen Namen gemacht hatte, im Jahre 1840 eine elektromotorische Antriebsmaschine vorstellte, fasste deshalb die in Frankfurt tagende Bundesversammlung (das Beschlussorgan des 1806 von den vielen deutschen Einzelstaaten gegründeten Deutschen Bundes) den Beschluss, Wagner eine Prämie von 100.000 Gulden auszuzahlen, wenn er eine elektromagnetische Maschine in einer Größe bauen könne *wie sie namentlich für Locomotiven erforderlich sein würde.*[7]

Auch in Nürnberg entstanden damals zwei der weltweit ersten Elektromotoren. Gebaut hat sie der Mechaniker Peter Bauer, ein eifriger Tüftler und zudem cleverer Geschäftsmann, der in seiner Werkstatt in der Mohrengasse nicht nur Globen aller Art, Elektrisiermaschinen, Blitzschutzanlagen und Sonnenuhren herstellte, sondern auch mit meteorologischen Geräten wie Thermometern und Barometern handelte.[8]

Gemeinsam mit seinem Bruder Carl Bauer (1770-1857) hatte er schon früher spektakuläre Erfindungen wie die des Laufrades durch Karl Drais (1785-1851) im Jahre 1817 oder der Fotografie, die der Franzose Louis Daguerre (1787-1851) zwischen 1835 und 1839 entwickelt hat, aufgegriffen und daran weiter gearbeitet. So verkaufte er schon 1817 die ersten „verbesserten" Laufräder in Nürnberg und inserierte im April 1839 für eine *neue Art Camera obscura … welche alle Gegenstände der Natur und Kunst von sich selbst abzeichnet*[9]. Je nach Ausstattung kostete ein Apparat einschließlich einiger lichtempfindlicher Blätter zwischen 6 und 12 Gulden. Gemeinsam mit seinem Bruder machte er auch fotografische Aufnahmen der Nürnberger Burg und verschiedener Kirchen, die bei einer Ausstellung des Albrecht-Dürer-Vereins 1840 zu sehen waren. Kein Wunder, dass diesen umtriebigen Mann die neuen elektrischen Antriebe von Jacobi und Wagner dazu anspornten, selbst einen Elektromotor zu bauen. Im Frühjahr 1841 konnte er als Prototyp eine elektrische „Brettschneidmaschine" vorführen, zuerst in Nürnberg und dann auch einige Tage später in Fürth.[10] Der Pressebericht aus Nürnberg erregte auch überregional Aufmerksamkeit. Selbst eine österreichische Zeitung berichtet, dass die Maschine von allen bewundert werde und bei 100

Elektromotor des Nürnberger Mechanikers Bauer als Antrieb für eine Gewürzstampfe

bis 150 Umdrehungen pro Minute eine solche Kraft entwickle, so dass es *außer Zweifel gestellt werden muß, die Maschine im Großen ausführen und anwenden zu können.*[11]

Wie Bauers Brettschneidmaschine ausgesehen hat, wissen wir nicht. Dass es Zweifel an einer Verwendbarkeit des elektrischen Antriebs für größere Aufgaben gegeben hat, geht aus der Berichterstattung über seine zweite Maschine hervor, die er im November 1843 als „elektrische Gewürzstampfe“ präsentiert. Eine Münchener Zeitung schreibt, diesmal zeige Bauer *eine Maschine, die jeden Besucher überzeugt, daß die Magnetische Kraft bis ins Unendliche gesteigert werden kann.* Bauer habe *viele mühsame und kostspielige Versuche* angestellt, um ein *richtiges Verhältnis des Magnetismus und der Elektrizität* zu finden.[12]

Tatsächlich war man in Fachkreisen zur Auffassung gelangt, dass es darauf ankäme, die Zahl der Windungen der Elektromagnete und die Oberfläche der Zinkplatten in ein optimales Verhältnis zu bekommen.[13] Die Nürnberger luden Bauer mit einer Anzeige im „Korrespondent von und für Deutschland“ zur Besichtigung ein: *Denjenigen Personen, welche meine elektro-mechanische Maschine zu sehen wünschen, diene zur Nachricht, daß dieselbe in meinem Hause bis Sonntag den 5. d. Ms. Für Jedermann zur Ansicht ausgestellt ist … Peter Bauer, Mechanikus, Mohrengasse Nr. 1492.*[14] Aus welchem Grund auch immer begnügte sich Bauer damit, seine Maschine dem allgemeinen Publikum zu zeigen, während er der Fachöffentlichkeit keinen tieferen Einblick gewährt, obwohl das Interesse groß ist.

So wendet sich die Direktion des Gewerbevereins für das Königreich Hannover in einem Brief am 23. Dezember 1843 an den Polytechnischen Verein für das Königreich Bayern: *Durch mehrere Bekanntmachungen in öffentlichen Blättern und Zeitschriften aufmerksam gemacht auf die von dem Mechaniker Peter Bauer zu Nürnberg in Anwendung des Elektromagnetismus als bewegende Kraft erfundene Maschine, welche der Angabe nach binnen kurzem in Augsburg aufgestellt werden wird, haben wir den dahingehenden Wunsch, auf zuverlässigem Wege ein möglichst detaillierte Beschreibung und Zeichnung dieser Maschine für den Fall zu erhalten, daß diese Erfindung in der That eine nähere Beachtung verdient.*[15]

Ein Vertreter des Polytechnischen Vereins hat sich daraufhin die Maschine angesehen, von Bauer aber keine näheren Informationen erhalten.[16] Der Verein schreibt deshalb nach Hannover, dass nach der *Beobachtung eines unserer Ausschußmitglieder diese Maschine 1/6 Menschenkraft hat, ob aber in deren Konstruktion etwas Neues enthalten ist, kann nicht erfahren werden, weil Bauer selbe als Geheimniß behandelt. Auch ist die Maschine nicht rein gearbeitet.* Diese Begutachtung war jedoch nicht der Grund dafür, dass Bauers Erfindung letztendlich der Erfolg versagt geblieben ist. Auch Jacobi und Wagner teilten dieses Schicksal. Neben der unvorteilhaften Konstruktion der damaligen Motoren selbst, war es vor allem die Unmöglichkeit, dass galvanische Batterien als Energieversorger den Dampfmaschinen wirtschaftlich auch nur annähernd erfolgreich Konkurrenz bieten können. Das sah auch die

Bundesversammlung in Frankfurt so. Als trotz der Ausschreibung von 100.000 Gulden 1844 immer noch kein Ergebnis vorlag, zog sie ihren Beschluss nach drei Jahren zurück.

[1] http://gauss.adw-goe.de/handle/gauss 616.
[2] Deutsches Museum München, Firmenarchiv Steinheil, FA 005/0377.
[3] Ebd.
[4] Allgemeine Polytechnische Zeitung N. 33, Sept 1836, Nürnberg 1836, S. 164.
[5] H. William Taylor: Der Elektro-Magnetismus als mechanische Triebkraft für Locomotiven, Schiffe, Mühlen, etc. sowie auch zur vortheilhaften Anwendung bei dem Spinnen, Drechseln, Schleifen, Reiben, Sägen, Poliren u.s.w. und jeder anderen Art mechanischer Bewegung, Quedlinburg und Leipzig 1841, S. 11.
[6] Johann Carl Leuchs: Die Fortschritte des Menschengeschlechts vom Anfang der Welt bis auf unsere Zeiten, Erster Band, Nürnberg 1857, S. 285.
[7] Protokolle der Deutschen Bundesversammlung, 5. Sitzung, § 74 vom 25. 2. 1841, Beilage 2.
[8] Angaben zu Peter Bauer aus: Hans Gaab: Die Mechanikerfamilie Bauer in Nürnberg, in: Mitteilungen des Vereins für Geschichte der Stadt Nürnberg, 100. Band 2013, Nürnberg 2013, S. 335-396.
[9] Allgemeine Polytechnische Zeitung, Nr. 16, Jahrgang 1939, S. 80.
[10] Fürther Tagblatt, Nr. 59, 13.4.1841, Fürth 1841, S. 347.
[11] Carinthia, 31. Jahrgang Nr. 18, 1. Mai 1841, Klagenfurt 1841, S. 72.
[12] Münchener politische Zeitung, No 272 vom 13.11.1843, S. 1527.
[13] H. William Taylor: Der Elektro-Magnetismus als mechanische Triebkraft für Locomotiven, Schiffe, Mühlen, etc. sowie auch zur vortheilhaften Anwendung bei dem Spinnen, Drechseln, Schleifen, Reiben, Sägen, Poliren u.s.w. und jeder anderen Art mechanischer Bewegung, Quedlinburg und Leipzig 1841, S. 11.
[14] Der Korrespondent von und für Deutschland, Nr. 307 vom 3. 11 1843, S. 1906.
[15] Deutsches Museum München, Archiv Polytechnischer Verein, PTV 205, Mappe 9.
[16] Eine genauere Beschreibung der Maschine wurde später veröffentlicht in: William Löbe, Illustriertes Lexikon der gesammten Wirthschaftskunde, 2. Band, Leipzig 1953, S. 63 f.

Kap. 14 Telegrafie, Haustelegrafie, Friedrich Heller und das Telefon

Während es mit der Entwicklung von elektrischen Generatoren und Motoren, die gegen Dampfmaschinen erfolgreich konkurrieren konnten, Mitte des 19. Jahrhunderts noch drei Jahrzehnte dauern sollte, ließ die Telegrafie gemeinsam mit der Eisenbahn Raum und Zeit rapide schrumpfen. Die beiden Basisinnovationen profitierten auch voneinander, da zum einen ein reibungsloser Bahnbetrieb die zuverlässige Übermittlung von Signalen

Telegrafenbeamter bei der Arbeit am Morsetelegrafen

und Uhrzeiten brauchte und zum anderen die Telegrafenlinien entlang der Bahnstrecken ohne große rechtliche Probleme zügig errichtet werden konnten. Das erste einigermaßen taugliche Telegrafiersystem war dabei für englische Eisenbahnen entwickelt worden, brauchte aber pro Verbindung sechs Leitungsdrähte und zur Anzeige der Buchstaben und Zahlen eine ganz Reihe von Magnetnadeln. Wesentlich genialer war die Erfindung eines Schreibtelegrafen durch den ehemaligen Kunstmaler Samuel Morse (1791-1872) in Amerika, der ein Zeichensystem aus „Punkten" und „Strichen" entwickelt hatte. Durch Betätigen der „Morsetaste" sandte der Telegrafist je nach Buchstabe oder Ziffer eine Kombination von kurzen und langen Stromimpulsen zur Empfangsstation, wo sie ein Elektromagnet aufnahm, der in diesem Rhythmus einen Hebel mit einem Schreibstift bewegte, welcher auf einem vorbeiziehenden Papierstreifen die Punkte und Striche aufzeichnete.

Der erste wichtige Meilenstein beim Siegeszug der Telegrafie war Morses 60 km lange Telegrafenlinie zwischen Washington und Baltimore im Jahre 1843. Als einen Tag nach deren Eröffnung die Wahlergebnisse eines Parteitages der Demokraten von Baltimore nach Washington in Minutenschnelle „gemorst" worden waren, überschlug sich die amerikanische Presse vor Begeisterung. Doch Morses Angebot an die Regierung der Vereinigten Staaten, die Telegrafenlinie zu kaufen und staatlich zu betreiben, lehnte der Kongress in Washington ab, weil die Abgeordneten an der Rentabilität zweifelten. Damit verzichteten sie auf das Hoheitsrecht des Staates zur Nachrichtenübermittlung, wie dies Europa selbstverständlich geworden ist. Somit betrieb Morse mit seiner Firma die Anlage privatwirtschaftlich und erzielte so hohe Gewinne, dass weitere Telegrafengesellschaften entstanden, die 1848 schon 2.000 km Telegrafenlinien betrieben, als in Deutschland die erste Telegrafenleitung verlegt wurde, nicht aus wirtschaftlichen, sondern aus politischen Gründen.

Elektromagnetischer Zeigertelegraf von Werner Siemens 1846

Auslöser war die Märzrevolution von 1848. Vor allem bürgerlich-demokratische Kräfte, denen es um mehr Freiheitsrechte und um die Schaffung eines deutsche Nationalstaates ging, hatten durch Aufstände die in den einzelnen Kleinstaaten regierenden Fürsten dazu gezwungen, der Wahl einer Nationalversammlung zuzustimmen. Sie tagte in der Frankfurter Paulskirche und sollte eine Reichsverfassung ausarbeiten. Um über den Fortgang der Beratungen, die ihm zutiefst zuwider liefen, stets auf dem neuesten Stand zu sein, ließ der preußische König Friedrich Wilhelm IV (1795-1861) in kurzer Zeit eine Telegrafenleitung von Berlin nach Frankfurt legen. Mit dem Bau beauftragte er den vom Dienst befreiten Artillerieleutnant Werner Siemens (1816-1892)[1], der im Gegensatz zu Morse mit einem Zeigertelegrafen arbeitete. Bei diesem waren Sende- und Empfangsgerät baugleich. Wie bei einer Uhr die Ziffern, ordnete er um einen Zeiger dreißig Tasten an, die den zu Buchstaben und Ziffern entsprachen. Beim Senden drückte der Telegrafist die entsprechende Taste, worauf sich der Zeiger aus seiner Ausgangsstellung bis zur gedrückten Taste bewegte. Bei jeder dabei überstrichenen Taste gab das Gerät einen Impuls an die Empfangsstation ab, wodurch auch deren Zeiger schrittweise zum gleichen Zeichen bewegt wurde. Das System war sehr einfach zu bedienen, arbeitete allerdings wesentlich langsamer als die Morsegeräte.

Staatsbahnhof Nürnberg

Bau des neuen Telegrafengebäudes 1872 neben der Frauenkirche im neugotischen Stil

In Nürnberg begann das elektrische Nachrichtenzeitalter im Juli 1850 mit der Eröffnung einer Telegrafenlinie entlang der ein Jahr zuvor eröffneten Eisenbahnstrecke München-Bamberg. Kolonnen von Arbeitern hatten innerhalb weniger Monate mehr als 10.000 Holzmasten aufgestellt und daran die aus England importierten, verzinkten Eisendrähte montiert, die meisten für die neu gegründete bayerischen Telegrafenverwaltung, die anderen für die Signalübertragung der Bahn. Die Bahn setzte wegen der einfacheren Handhabung durch weniger geübtes Personal Zeigertelegrafen ein.

Für die Telegrafenverwaltung tippten in einem Raum im zweiten Obergeschoss des vor dem Frauentor errichteten neuen Staatsbahnhofes eigens ausgebildete Beamte Nachrichten in die beiden Morsegeräte ein oder schrieben die eingegangenen, auf Papierstreifen ausgedruckten Nachrichten wieder in normale Schriftzeichen um und leiteten sie per Boten an den Empfänger weiter. Ein geübter Telegrafenbeamter hätte den Satz „Ich liebe Dich" in 30 bis 40 Sekunden geschafft. Doch obwohl die Übermittlung von Privattelegrammen neben den Staats- und Geschäftstelegrammen zulässig gewesen ist, dürfte der Austausch von Liebeserklärungen sehr unwahrscheinlich gewesen sein. Die meisten Menschen sahen das Ganze als Staatsangelegenheit an. So meint der „Fränkische Kurier" anlässlich der Eröffnung der Nürnberger Telegrafenlinie: *Bayern wird künftig vom Telegraphentisch aus regiert werden. Überall hin hält der Telegraph sein feines Ohr und mit Blitzesschnelle trägt er das Vernommene nach München.*[2]

Bis zum Ende des Jahres 1850 wurden in Nürnberg lediglich 71 Staatstelegramme und 46 Geschäfts- und Privattelegramme aufgegeben.[3] Mit dem zügigen Ausbau der Telegrafennetze in Deutschland und in den Nachbarländern wuchs der Telegrammverkehr aber so stark an, dass man 1862 die Telegrafenstelle in ein Nebengebäude des Bahnhofs mit 16 Morseapparaten verlegen musste.[4] Als es auch dort zu eng wurde – das kontinentale Kabelnetz reichte bald bis Indien und seit 1866 verbanden Transatlantikkabel Europa mit Amerika –, zogen die meisten Telegrafenbeamten 1872 in ein von der Stadt errichtetes Gebäude am Hauptmarkt um.

Die Nürnberger Wirtschaft, insbesondere die aufstrebende stahlverarbeitende Industrie, dürfte von dem neuen Kommunikationsmittel stark profitiert haben. Doch unternehmerischen Anstrengungen zur Fertigung von Apparaten und Zubehör für die staatlichen Telegrafenverwaltungen gab es im Gegensatz zu Städten wie Berlin lange Zeit nicht. Man begnügte sich mit der „Haustelegraphie", worunter man die Signalübermittlung innerhalb von Gebäuden oder Gebäudekomplexen verstanden hat. Dazu gehörten elektrische Haustürklingeln, elektrische Läutwerke, Rufanlagen ohne und mit Tableauanzeige, Diebstahlssicherungen, die bei unbefugtem Öffnen von Fenstern oder Türen Läutwerke in Betrieb setzten oder auch Wasserstandsmelder für Dampfkessel.[5] Diesem Feld hat sich in Nürnberg als erster der Mechaniker Johann Friedrich Heller (1836-1911) zugewandt.

Johann Friedrich Heller

Anzeige der Firma Heller 1876

Friedrich Heller hatte bei seinem Vater von 1851 bis 1854 den Beruf eines Mechanikers und Drechslers erlernt, ehe er sich 1859 als Meister in der Vorderen Sterngasse selbständig machte.[6]. 1860 übernahm er aus Frankreich die Idee der elektrischen Hausklingeln, die dort eben in Mode gekommen waren, und bot sie seiner Kundschaft an. Man konnte mit dieser Neuerung zu Hause auch seine Dienstboten zu sich rufen oder im Büro die Angestellten. Verbunden mit der Einrichtung von Klingelanlagen waren auch die Herstellung und die Pflege der jeweils passenden elektrischen Batterien, was zu dieser Zeit noch ziemlich aufwändig gewesen ist, denn noch musste regelmäßig Flüssigkeit nachgefüllt und angefallener Schlamm entfernt werden. Geholfen hat ihn dabei sicherlich sein erster Lehrling, den er 1860 einstellte. Es war der 14-jährige Sigmund Schuckert (1846-1895), den ihm Oberlehrer Friedrich Bauer (1797-1877) von der Lorenzer Knabenschule empfohlen hatte. Bauer verstand es, seine Schüler für die Naturwissenschaften zu begeistern, auch wenn diese im Lehrplan der Volksschulen überhaupt kein Rolle spielten. Er war von der Zukunft der Elektrotechnik überzeugt und prophezeite seinen Schülern ein bevorstehendes elektrisches Zeitalter. Auf eigene Kosten hatte er sich ein kleines physikalisches Kabinett zugelegt mit Elektrisiermaschine, Leidener Flaschen, einer Vakuumpumpe und anderen Geräten. Interessierte Schüler durften nach dem Unterricht mit ihm zusammen experimentieren. Besonders eifrig und wissbegierig zeigte sich dabei der junge Sigmund, Sohn eines Büttnermeisters im Stadtteil Wöhrd, dessen Werkstatt er einst übernehmen sollte. Doch Bauer redete den Eltern diesen Plan aus und vermittelte den hochbegabten Jungen an Friedrich Heller, wo er den Beruf eines Feinmechaniker erlernte, denn spezielle Elektroberufe gab es damals noch nicht. Im April 1864 schloss Sigmund Schuckert seine Lehrzeit ab und erhielt von Heller ein glänzendes Zeugnis.

Waren die einfachen Klingeln der Beginn von Hellers erfolgreicher Haustelegrafie mit Anlagen in Privatgebäuden, Hotels und Fabriken, so brachte das Telefon den ganz großen Aufschwung seiner Firma. Erfunden und erstmals vorgeführt hatte es der Deutsche Philipp Reis (1834-1874) bereits 1861. Seine Geräte wurden zwar weltweit zu Demonstrationszwecken vorgeführt, eigneten sich aber noch nicht für eine Anwendung in einem alltäglichen Fernsprechbetrieb. Eine einigermaßen zufriedenstellende Lösung hierzu gelang dem nach Amerika ausgewanderten Schotten Alexander Graham Bell (1847-1922) im Jahre 1876. Noch im gleichen Jahr stellte er seine Sprechapparate auf der Weltausstellung in Philadelphia vor. Heller erkannte die künftigen Marktchancen des Telefons, wobei er noch gar nicht an den Einsatz im Rahmen

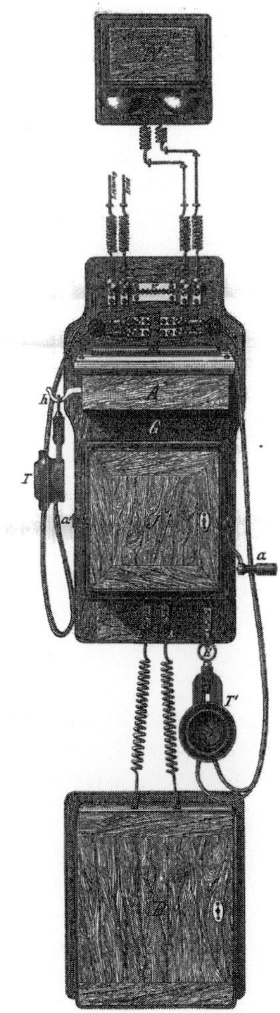

Telefonstation der Firma Heller

eines öffentlichen Fernsprechnetzes analog zum Telegrafennetz gedacht haben muss. Er beschaffte sich schon 1876 zwei von Bells Wunderapparaten, baute sie nach, experimentierte damit und variierte sie. Im Sommer 1877 stellte er sie in seinen Geschäftsräumen in der Nürnberger Sterngasse der staunenden Öffentlichkeit vor. Noch ehe es in Deutschland öffentliche Fernsprechnetze der Postverwaltungen gab, fertigte er seine eigenen Telefonapparate an und installierte ganze Haustelefonanlagen. Auch zur Selbstaufstellung kleinerer Anlagen gab es von ihm eine genaue Anleitung. Er bot dafür neben den Geräten galvanische Batterien, Telefonschnüre, Leitungsdrähte, Isolatoren und anderes Zubehör an.[7]

Über die Realisierbarkeit eines öffentlichen Fernsprechdienstes dachte man in den Teilstaaten des 1871 gegründeten Deutschen Kaiserreiches nach, seit der Generaldirektor des deutschen Postwesens Heinrich Stephan (1831-1897) im Jahre 1876 in Berlin die ersten Fernsprechversuche zwischen auseinander gelegenen Amtsgebäuden durchführen ließ. Nach Eröffnung eines Netzes in Berlin im Jahre 1881 eröffnete auch das Königreich Bayern im Dezember 1882 ein erstes Netz mit neun Teilnehmern in Ludwigshafen, das damals zu Bayern gehörte. Die Telefonapparate und der zentrale Umschalter waren aus London gekommen.[8] Als im Mai 1883 der Fernsprechverkehr in München aufgenommen wurde, lieferte die Münchener Firma des Mechanikers Friedrich Reiner (1858-1918) 200 Telefonapparate.[9] Um ebenfalls an öffentliche Aufträge zu kommen, sandte Friedrich Heller zwei seiner Fernsprechapparate nach München an die General-

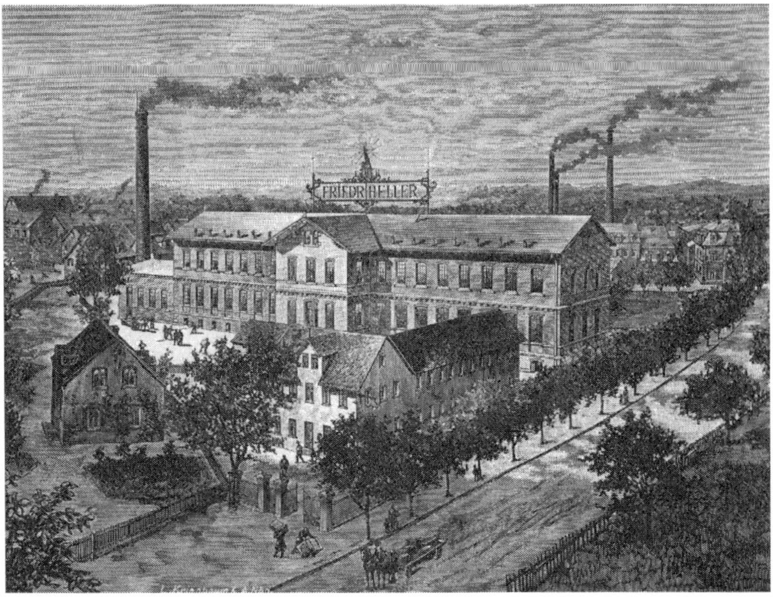

Hellers neue Fabrikanlage in der Nürnberger Peterstraße

direktion der königlich-bayerischen Verkehrsanstalten, in der seit 1880 der Post- und der Telegrafendienst vereinigt waren, mit der Bitte, diese Geräte zu erproben.[10] Weil er einen ablehnenden Bescheid erhielt, fuhr er selbst in die Landeshauptstadt, warb persönlich für seine Telefone und stellte dabei auch einen von ihm entwickelten Umschalter vor, der es ermöglichte, an eine einzige Anschlussleitung mehrere Telefonapparate anzuschließen. Daraufhin bekam er im Oktober 1883 einen Auftrag, zehn dieser Umschalter zu liefern. Ein halbes Jahr später wurden weitere 20 Exemplare bestellt und im August 1884 erhielt er schließlich den Auftrag, für das künftige Netz in Nürnberg und Fürth 400 Telefonapparate anzufertigen.[11] Dieses Fernsprechnetz war durch eine Initiative von wichtigen Persönlichkeiten aus Handel und Industrie zustande gekommen, die sich mit Erfolg an die königlich-bayerische Staatsregierung gewandt hatten. Der Betrieb wurde am 1. August 1885 mit 172 Sprechstellen in Nürnberg und 60 Sprechstellen in Fürth aufgenommen.[12] Die Vermittlungsstellen befanden sich an den Bahnhöfen der beiden Städte. Jetzt folgten für Heller auch Aufträge in Augsburg, Bamberg, Würzburg und anderen Städten. Neben der Firma Reiner wurde er in kurzer Zeit zum Hauptlieferanten der bayerischen Postverwaltung. Weil er inzwischen auch die Zulassung als Bahnlieferant erhalten hatte, benannte er seine Firma um in „Friedrich Heller – Fabrik elektrotechnischer Apparate für Telephonie und Signalwesen".

Als er an Post und Bahn bis 1888 bereits 1700 Apparate geliefert hatte[13] und die Aufträge weiterhin reichlich eingingen, waren die Fertigungsräume in der Vorderen Sterngasse zu eng geworden. Während die Installationsabteilung in den alten Räumen blieb, zog deshalb die Apparatefertigung in eine neu erbaute Fabrik in der Peterstraße um. Dort waren schließlich 25 Angestellte und 150 Mitarbeiter mit der Entwicklung und Herstellung von Telegrafen- und Telefongeräten, Signalapparaten, elektrischen Uhren und Läutwerken beschäftigt.

[1] Anmerkung: Werner Siemens wurde 1888 geadelt und hieß seitdem Werner von Siemens.
[2] Fränkischer Kurier, 17. Jahrgang Nr. 168 vom 17.6.1850, Nürnberg 1850.
[3] Postabteilung des Verkehrsmuseums Nürnberg: 100 Jahre Telefon.
[4] Fröhling und Werner: Internes Papier der OPD Nürnberg, Nürnberg 1960.
[5] Vgl. Meyers Konversationslexikon, 4. Auflage, 15. Band, Leipzig 1885-1892, S. 571.
[6] In der Firmengeschichte der TE KA DE wird als Gründungsdatum das Jahr 1858 angegeben, während das Niederlassungsgesuch Hellers als Meister und Bürger erst aus dem Jahre 1859 stammt. (Stadtarchiv Nürnberg, C7/II Nr.?).
[7] Rolf Schmid/Wolfgang Stimpel: TE KA DE Nürnberg 100 Jahre im Dienst des Telefons, Nürnberg 1977, S. 5.
[8] Postabteilung des Verkehrsmuseums Nürnberg: 100 Jahre Telefon in Bayern, Nürnberg 1983, S. 4.
[9] 100 Jahre Fernsprechtechnik als Lebensaufgabe, die Geschichte Friedrich Reiners und seiner Telefonfabrik, München 1981.
[10] Rolf Schmid/Wolfgang Stimpel:TE KA DE Nürnberg 100 Jahre im Dienst des Telefons, Nürnberg 1977, S. 5.
[11] Ebd.
[12] Kurt Wiesemeyer: Die Post als Verkehrsträger, in: Verein für die Geschichte der Stadt Nürnberg (Hrsg.), Nürnberger Forschungen, 17. Band, Nürnberg 1972, S. 298 f.
[13] Christoph von Imhoff: Berühmte Nürnberger aus neun Jahrhunderten, Nürnberg 1989. S. 304.

Kap 15 Sigmund Schuckert, der Dynamo und die Bogenlampe

Nach Beendigung seiner Lehrzeit bei Friedrich Heller begab sich Sigmund Schuckert 1864 auf die für Handwerksgesellen zwar nicht mehr vorgeschriebene, aber doch noch übliche Wanderschaft, freilich nicht immer zu Fuß, sondern mit der Eisenbahn. Arbeit fand er zuerst in Stuttgart in einer optisch-astrono-

Sigmund Schuckert

mischen Werkstatt, die vor allem Fernrohre herstellte. Danach kam er zur Hamburger Nähmaschinenfabrik Pollack und schließlich zu Siemens & Halske nach Berlin. Die von Werner Siemens und Johann Georg Halske (1814-1890) gegründete Telegrafenbauanstalt hatte sich innerhalb von zwei Jahrzehnten zu einem multinationalen Unternehmen entwickelt. Als 1866 Krieg zwischen Preußen und Österreich ausbrach, wurde Schuckert entlassen, weil Bayern mit Österreich verbündet war. Er kehrte nach Nürnberg zurück und fand eine Anstellung als Leiter der Abteilung für Telegrafenbau in der mechanisch-optischen Werkstätte von August Ferdinand Krage (1840-1896). Weil

Schuckert mit seinen Turnkameraden (Schuckert ist der zweiten von rechts.)

er schon in Hamburg den Entschluss gefasst hatte, nach Amerika auszuwandern, lernte er in seiner Freizeit fleißig Englisch und schiffte sich im April 1869 nach New York ein. Zunächst arbeitete er in Baltimore und Philadelphia bei Herstellern von Telegrafenapparaten und Börsentickern, ehe er 1871 in Newark gemeinsam mit 50 anderen hochqualifizierten Leuten in die neu gegründeten Versuchswerkstätten von Thomas Alva Edison (1847-1931) wechselte, dem späteren Erfinder des Phonographen und der Glühlampe. Wegen des rauen Arbeitsklimas und der langen Arbeitszeit von meist 60 Stunden in der Woche blieb er allerdings nicht besonders lange und suchte sich einen neuen Arbeitgeber in New York. Er war inzwischen amerikanischer Staatsbürger geworden.

Schwabenmühle

Als seine inzwischen verwitwete Mutter 1873 erkrankte, kehrte Schuckert auf Besuch nach Nürnberg zurück und verband diese Reise mit dem Besuch der Weltausstellung in Wien. Wie bei den vorausgegangenen großen Weltausstellungen in London, New York und Paris zeigten dort Firmen aus aller Herren Länder ihre technischen Neuigkeiten. Schuckert beeindruckten vor allem die Dynamomaschinen der Pariser Firme Gramme, die ersten, die er zu Gesicht bekam. Sie arbeiteten nach dem elektrodynamischen Prinzip, das Werner Siemens 1866 entdeckt hatte. Die Vorstellung, solche Wunderwerke in einer eigenen Werkstatt selbst bauen zu können, dürfte dem großen Wunsch von Schuckerts Mutter, er möge nicht mehr nach Amerika zurückkehren, sehr entgegengekommen sein. Der inzwischen 27-Jährige blieb in Nürnberg, eröffnete eine kleine Werkstatt und bot in einer Anzeige die Herstellung von Maschinen, Werkzeugen und physikalischen Instrumenten, die Einrichtung von Haustelegrafen und die Reparatur von Nähmaschinen an. Der 18 m^2 große Werkstattraum befand sich zwischen Kaiserstraße und Pegnitz in der ehemaligen Schwabenmühle, die die Stadtverwaltung nach einem Brand zu einer Art Gründerzentrum für Handwerker hatte umbauen lassen. Schuckert bekam reichlich Aufträge, so dass er bald einen Gesellen und einen Lehrling beschäftigen konnte. Noch 1873 erfüllte sich auch sein Traum, und er konnte seine erste Dynamomaschine an die Nürnberger Firma Wellhöfer liefern, die damit 18 Jahre lang Strom für galvanische Bäder erzeugt hat. 1874 erhielt er das erste königlich-bayerische Patent für eine weitere von ihm entwickelte Dynamomaschine, mit der er u.a. das Gewerbemuseum in Nürnberg und die technische Hochschule in München beliefert hat.[1] Er stellte jetzt weitere Gesellen ein und mietete in der Schwabenmühle zusätzliche Räume an, in denen er über ein Räderwerk und über Treibriemen die Wasserkraft der Pegnitz zum Antrieb seiner Werkzeugmaschinen nutzen konnte.

Eine von Schuckert 1875 angefertigte Dynamomaschine

Dass Schuckert die Bogenlampe erfunden hat, wie man in volkstümlichen Nürnberg-Büchern mitunter lesen kann, ist ein Märchen. Er hat diese Leuchtkörper später zwar weiterentwickelt, aber den Lichtbogen als künstliche Lichtquelle hatte u.a. schon 1849 die Pariser Oper bei der Uraufführung von Giacomo Meyerbeers (1791-1864) „Der Prophet" als Jupitersonne benutzt. Die Besucher und die Kritiker sprachen hinterher weniger über die Oper selbst als über die helle Jupitersonne. Genau so beeindruckt dürften die Nürnberger gewesen sein, als sie am 24. Juni 1874 bei der Einweihung des Hans-Sachs-Denkmals zum ersten Mal das Bogenlicht erleben durften. Tagsüber hatte es einen Festumzug gegeben, am Abend folgte eine große Lichtschau mit bengalischem Feuer und hohen Gasflammen. Zudem hatte die Stadtspitze den Mechaniker August Grünwald beauftragt, das Denkmal mit elektrischem Licht anzustrahlen. Grünwald, der in der Schwabenmühle die „Erste Süddeutsche Telegraphendrahtspinnerei" betrieb, stellte neben der Heilig-Geist-Kirche 60 galvanische Elemente und vier Bogenlampen mit Reflektoren auf.[2] Der Fränkische Kurier schrieb am nächsten Tag: *Die Häuser am Spitalplatz waren glänzend illuminiert und von Zeit zu Zeit erglänzten einzelne derselben sowie auch die Synagoge in bengalischem Feuer. Zu beiden Seiten des Denkmals brannten riesige Gasflammen und von der Tribüne aus fiel ein so intensiver Strahl elektrischen Lichts auf die Statue, dass sie erglänzte als ob sie von gediegenem Silber wäre. Der Anblick war ein feenhafter und die Tausende von Menschen, welche den Platz füllten, machten ihrer Befriedigung in lauten Jubelschreien laut.*[3]

Ob Schuckert seinem Werkstattnachbarn Grünwald damals geholfen hat, wissen wir nicht. Aber vielleicht hat er angesichts des Aufwandes mit den vielen galvanischen Elementen seinen Entschluss gefasst, für den Betrieb von Bogenlampen einen Dynamo zu bauen, der wegen der von den Bogenlampen benötigten hohen Stromstärke nicht zu heiß wurde. Unter welchen Umständen Schuckerts Versuche stattfanden, schilderte einige Jahre später sehr anschaulich sein Mitarbeiter Greulein: *Kaum hatte ich auf die Transmission eine größere Holzscheibe gesetzt, als Sigmund den Riemen auf seine elektrische Maschine warf. Der Heinisch hat nun ein paar Drähte geholt und an die Maschine angeschraubt, der Sigmund hat an die Drähte die zwei Kohlenstifte angeklemmt, dann zog er dicke Handschuhe an, packte in jeder Hand eine Kohle und plötzlich flammte es auf, rotblau blendete es mich, ich glaubte schon, der Blitz hätte in die Schwabenmühle geschlagen und die ganze Bude angezündet. Aber das helle Licht, es brannte weiter in Sigmund Schuckerts Händen. Ich traute meinen Augen kaum. Der Sigmund hat mit seinen Händen durch Kohlen elektrisches Licht gemacht.*

Ich bin zurückgewichen und starrte nur blinzelnd auf diese Helle. Es stank nach Gummi und die beiden freuten sich nicht nur über ihren gelungenen Versuch, sondern auch über mein dämliches Gesicht, das ich angeblich gemacht habe.[4]

Als Schuckert *für seine Bogenlampenversuche* eine Lösung gefunden hatte, bereitete er den Nürnbergern dadurch ein besonderes Erlebnis, dass er das ganz nahe an der Schwabenmühle gelegene Kriegerdenkmal am 29. November 1876 mit einer Bogenlampe anstrahlen ließ. Der Dynamo wurde in der Werkstatt *über die Wasserkraft der Pegnitz angetrieben,* zur Bogenlampe führte ein Kabel und die Kohlestifte der Lampe mussten von einem Gehilfen laufend mit der Hand nachgeregelt werden.[5]

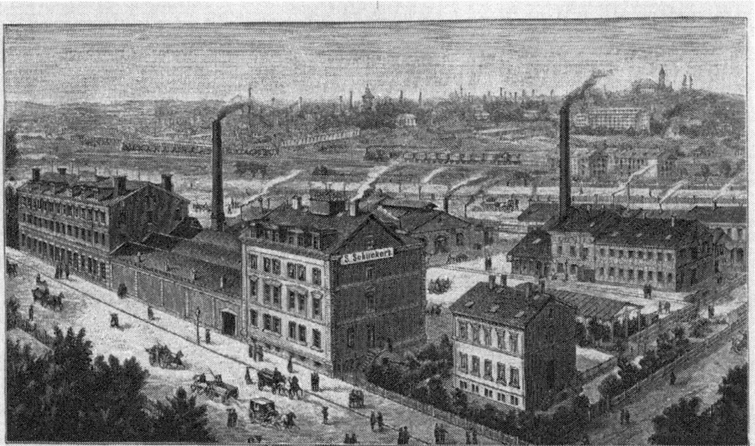

Die Fabrik an der Schloßäckerstraße
der Elektrizitäts-Aktiengesellschaft vormals Schuckert & Co. in Nürnberg.

Fabrikationsgebäude in der Schanzäckerstraße

1877 verkaufte Schuckert seine Dynamomaschinen schon bis nach Pilsen, Wien, Turin und St. Petersburg. 1878 bekam er den ehrenvollen Auftrag, für das Schloss Linderhof des technikbegeisterten Königs Ludwig II. ein kleines Elektrizitätswerk zu installieren, das den Strom für die Beleuchtung der Venusgrotte und des großen Springbrunnens im Schlosspark lieferte.[6] Das schaffte weiteres Renommee und brachte neue Aufträge, so dass die Schwabenmühle für die inzwischen 15 Mitarbeiter zu klein geworden war. So zog Schuckert 1879 mit seiner Firma in ein frei gewordenes Fabrikgelände in der Schanzäckerstraße um, wo es auch genügend Platz gab, um neben den Dynamos auch Messgeräten und Bogenlampen anzufertigen. Sigmund Schuckert war mit der Entwicklung einer eigenen Bogenlampe nicht recht vorangekommen, denn bei den Bogenlampen handelte es sich um komplexe, aufwändige Apparaturen mit einer diffizilen magnetischen Technik zur automatischen Nachregelung des Abstandes der durch den Lichtbogen abbrennenden Kohlestifte. Deshalb erwarb Schuckert vom tschechischen Ingenieur František Křižik (1847-1941) das alleinige Verwertungsrecht für Deutschland an dessen sehr zuverlässigen Bogenlampe. Er entwickelte daraus den Typ einer neuen Differentialbogenlampe, von denen man mehrere in Reihe an einen einzigen Dynamo schalten konnte. So benötigte man nicht länger für jede einzelne Lampe einen eigenen Dynamo, wie etwa beim ersten Fußballspiel unter Flutlicht im Jahre 1878 vor 20.000 Zuschauern im englischen Sheffield. Arrangiert hatte dieses Spek-

Werkhalle in der Schanzäckerstraße

takel John Tasker, der ins Stromgeschäft einsteigen wollte. An jeder Eckfahne war ein Holzmast mit einer Bogenlampe aufgestellt, dahinter jeweils eine „Lokomobile" (eine fahrbare Dampfmaschine) mit einem Dynamo. Die Helligkeit soll nach Zeitungsberichten zwar nur der an einem trüben Dezembernachmittag um 17 Uhr entsprochen haben, aber die Leute waren begeistert.[7] Schuckert brauchte für ebenfalls vier Bogenlampen nur einen Dynamo, als er im August 1880 den Nürnberger Hauptmarkt anlässlich der 700-Jahr-Feier des Hauses Wittelsbach beleuchtete. Als er seine Erfindung auch auf dem Nürnberger Volksfest am Maxfeld (heu-

Die „Fee Elektrizität" wurde in Paris zur Symbolfigur für die neue Energieform, während die eher grobschlächtigen Allegorien von Dampf, Kohle oder Petroleum eindeutig maskuline Züge trugen. Die „Fee Elektrizität" verkündete eine neue Zeit, leicht, elegant, jugendlich frisch, modern – und zudem sexy.

te Stadtpark) mit zwei Dynamos und 12 Bogenlampen erfolgreich getestet hatte, wagte er sich damit auf die erste große internationale Elektrizitätsausstellung im Herbst 1881 in Paris, an der sich 15 Nationen beteiligten und zu der fast 1 Million Besucher kamen. Sie waren vom Glanz der hell beleuchteten Ausstellungshallen fasziniert, bestaunten die neuesten Errungenschaften von Telegrafie und Telefonie, sahen Generatoren und Motoren in Aktion und fuhren mit der ersten elektrischen Eisenbahn von Siemens & Halske. Eine ganz besondere Sensation war das „Licht auf Knopfdruck", nämlich die Präsentation der ersten Glühlampen durch Thomas Alva Edison. Die Leute standen Schlange, um eigenhändig durch Drehen eines Schalters Glühlampen ein- und ausschalten zu können. Edison hatte über ein Jahr lang mit einem ganzen Team von Technikern einschließlich eines Glasbläsers daran gearbeitet, um den geeigneten Glühfaden zu finden. Parallel dazu hatten die Mitarbeiter an der Entwicklung einer Kraftzentrale und des Zubehörs wie Lampenfassungen, Schalter, Sicherungen und Klemmen gearbeitet.

Für Schuckert brachte die Ausstellung doppelten Erfolg: Er bekam nicht nur eine goldene Medaille für seine Differentialbogen-

Beleuchtung des Münchener Königsplatzes 1882

lampe, sondern erwarb von seinem früheren Arbeitgeber Edison auch das Recht, dessen Glühlampen montieren zu dürfen. Schon im Frühsommer 1882 führte er sie auf der ersten „Bayerischen Landes-Gewerbe-, Industrie- und Kunstausstellung“ in Nürnberg vor und im Herbst des gleichen Jahres bei einer großen Elektrizitätsausstellung im Münchener Glaspalast.

Ihr Initiator, Oskar von Miller (1855-1934), der spätere Gründer des Deutschen Museums, wollte damit die Elektrizität und ihre Anwendungen gegenüber den anderen Energieträgern wie Kohle und Gas im Bewusstsein eines breiten Publikums als modern und zukunftsträchtig durchsetzen. Schuckert half ihm dabei u.a. durch die Beleuchtung der Münchener Frauentürme mit einem Scheinwerfer vom 700 m entfernten Glaspalast aus, durch die Illumination des Königsplatzes mit Bogenlampen, die Beleuchtung eines Theaterraumes mit Glühlampen und die Vorführungen einer elektrischen Kraftübertragung über 5 km, um zu zeigen, dass sich Starkstrom über größere Entfernungen transportieren lässt. Welche Bedeutung die Fabrik von Schuckert schon damals hatte, zeigt ein Vorbericht auf die Ausstellung, in dem der „Fränkische Kurier“ vom *größten elektro-technischen Etablissement in Bayern* spricht.[8]

Riesenscheinwerfer von Schuckert

1883 konnte die Firma die Fertigung der 1.000. Bogenlampe und der 600. Maschine feiern. Jetzt kam auch der Bau von Elektromotoren in Gang, ebenso die Fertigung von Scheinwerfern für Theater, Leuchttürme und Schiffe.[9] Nach dem Einbau von gläsernen Parabolspiegeln als Reflektoren, die mit einer speziellen, vom Nürnberger Mathematiklehrer Munker berechneten Schleifmaschine gefertigt wurden, avancierten Schuckerts Scheinwerfer zum absoluten Verkaufsschlager bei den Kriegsflotten weltweit. 1885 trat der bisherige kaufmännische Leiter Alexander Wacker (1846-1922) als Teilhaber in die Firma ein, die jetzt Schuckert & Co. OHG hieß. Besonders der Bau von elektrischen Zentralen und von Elektrizitätswerken für Städte bekam jetzt großes Gewicht, wie in Lübeck, Hamburg, Bremen, Barmen, Hannover, Altona und Düsseldorf. Aber auch die anderen Geschäftsfelder boomten. An der Nürnberger Landgrabenstraße wurde 1890 eine neue Fabrikanlage eingeweiht. Jetzt arbeiteten „beim Schuckert" (wie viele Nürnberger noch heute sagen) 5.000 Männer und Frauen. Der Chef jedoch, der die ganze Entwicklung knapp zwei Jahrzehnte zuvor ins Rollen gebracht hatte, musste sich wegen eines Nervenleidens, das ihn zeitweise beim Sprechen und Gehen behinderte, 1892 aus dem Geschäft zurückziehen. Er verlegte seinen Wohnsitz nach Wiesbaden, wo er am 17.9.1895 im Alter von 49 Jahren gestorben ist. Seine Firma erreichte zur Jahrhundertwende einen Personalstand von weit über 8.000. Nach finanziellen Turbulenzen wurde sie unter dem Namen „Siemens-Schuckertwerke GmbH" 1903 ein Teil des Siemenskonzerns mit Hauptsitz in Berlin.

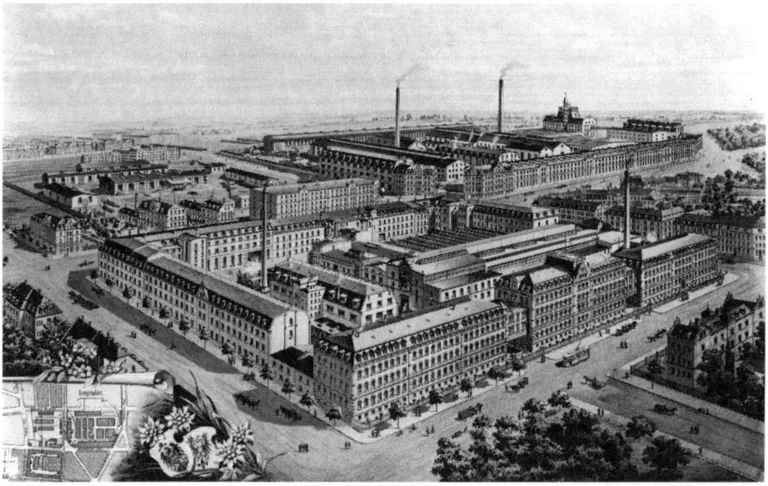

Neue Fabrikhallen an der Landgrabenstraße

Mit dem Wachsen der Firma Schuckert waren in Nürnberg auch andere Unternehmen entstanden. So profitierte vom Aufschwung der elektrischen Beleuchtung Friedrich Conradty (1858-1909), der seit 1884 Kohlestifte für die Bogenlampen herstellte. Sein Vater hatte die ursprüngliche Bleistiftfabrik von Nürnberg nach Röthenbach an der Pegnitz verlegt. Der gelernte Geometer Joseph Obermaier (1841-1894) machte sich auf Veranlassung seines Freundes Sigmund Schuckert selbstständig und richtete in der

Fertigung von Stromzählern im Zählerwerk um die Wende zum 20. Jahrhundert

Unteren Baustraße eine „Telegraphenutensilienfabrik“ ein, die vor allem Schwachstromkabel und Telegrafendrähte herstellte. Obermaier wurde so zum Begründer der Nürnberger Kabelindustrie. Das Geschäft florierte, es gab eine Dampfmaschine, eine Spinnerei, eine Bleipresse und eine Prüfanlage. Neben Platzgründen scheinen es vor allem heftige Beschwerden aus der Nachbarschaft gewesen zu sein, die Obermaier veranlassten, seine Fertigung 1889 an den damaligen Stadtrand in die Allersberger Straße zu verlegen, wo 50 bis 60 Mitarbeiter auch Starkstromkabel produzierten.[10]

„Zählerliesel“ an einem Werksgebäude in der Humboldtstraße zum Andenken an die vielen Frauen, die im Zählerwerk gearbeitet haben

Nach Obermaiers Tod im Jahre 1895 übernahm die Kölner Firma Felten & Guilleaume die Fabrik als Nürnberger Zweigniederlassung, ebenso wie 1906 die ehemalige Fabrik von Schuckerts Lehrherrn Friedrich Heller, die wegen mangelnder Aufträge in Liquidation gegangen war. 1912 wurde aus diesem Zusammenschluss eine selbstständige Aktiengesellschaft, die „Süddeutsche Telefon-Apparate, Kabel- und Drahtwerke AG“ mit dem Kurznahmen TE KA DE.[11] Neben diesen großen Firmen entstanden am Ende des 19. Jahrhunderts aber noch eine ganze Reihe kleinerer Fabrik- und Handwerksbetriebe, die elektrotechnisches Gerät produzierten, installierten oder warteten, wie z.B. die Firma Friedrich Palm, die zum Kaisermanöver 1897 den Königstorturm mit 2.000 Lampen elektrisch beleuchtet hat.

Die Belegschaft der Kabelfirma Obermaier

1 Evelyn Lacina: Johann Sigmund Schuckert, Leben und Werk eines Nürnberger Handwerkers, Erfinders und Unternehmers (Dissertation Erlangen-Nürnberg), Nürnberg 1973, S. 187 ff.
2 Stadtarchiv Nürnberg, C 7/1 Nr. 11238, Blatt 56, Rechnung für „die elektrische Beleuchtung des Hans-Sachs-Denkmals" von Grünwald in Höhe von 25 Gulden.
3 Fränkischer Kurier, 41. Jahrgang, Nr. 310 vom 25. 6. 1873, Nürnberg 1874.
4 Sigfrid von Weiher, Sigmund Schuckert: Leben und Werk, Vortrag bei der Eröffnung eine Schuckert-Gedächtnisausstellung am 13.101985 in Nürnberg (Manuskript im Siemens-Forum München.)
5 Stadtarchiv Nürnberg F 2 Nr. 10, Eintrag vom 1.12.1876.
6 http://siemens.com/press/de/events/2011/corporate/2011-05-Linderhof.php.
7 Briefverkehr des Verfassers mit einem Urenkel von Tasker.
8 Fränkischer Kurier vom 5.6.1882.
9 Siemens-Forum München, Sigmund-Schuckert-Archiv 28/Lh 875.
10 Arno Wilhelm Wittig: Telekommunikation aus Nürnberg - ein Blick in die Geschichte unseres Unternehmens, Nachdruck Nr. 135 aus Philips Innovation 1/1991, S. 5-6.
11 Vgl. Arno Wilhelm Wittig: Telekommunikation aus Nürnberg, Nachdruck Nr. 135 aus Philips Innovation 1/1991, S. 4-27.

Das elektrodynamische Prinzip

Bei einem Generator wird eine Spule (Ankerspule) in einem Magnetfeld gedreht. Dadurch entsteht durch Induktion eine elektrische Spannung, die nach jeder Halbdrehung die Richtung ändert, so dass Wechselstrom entsteht. Will man Gleichstrom entnehmen, dann wird an der Drehachse ein Kommutator (Polwender) angebracht. Das ist ein isoliert aufmontierter zweigeteilter Metallring, an dessen beiden Teilen je ein Ende der Wicklung der Ankerspule angeschlossen ist. Zwei gegenüberliegende Metallbürsten greifen von dort den Strom ab. Weil der gelieferte Strom nach jeder Halbdrehung die Richtung ändert und im gleichen 180°-Rhythmus auch die Schleifkontakte ihren Platz wechseln, wird der Strom nach außen immer in der gleichen Richtung fließen.

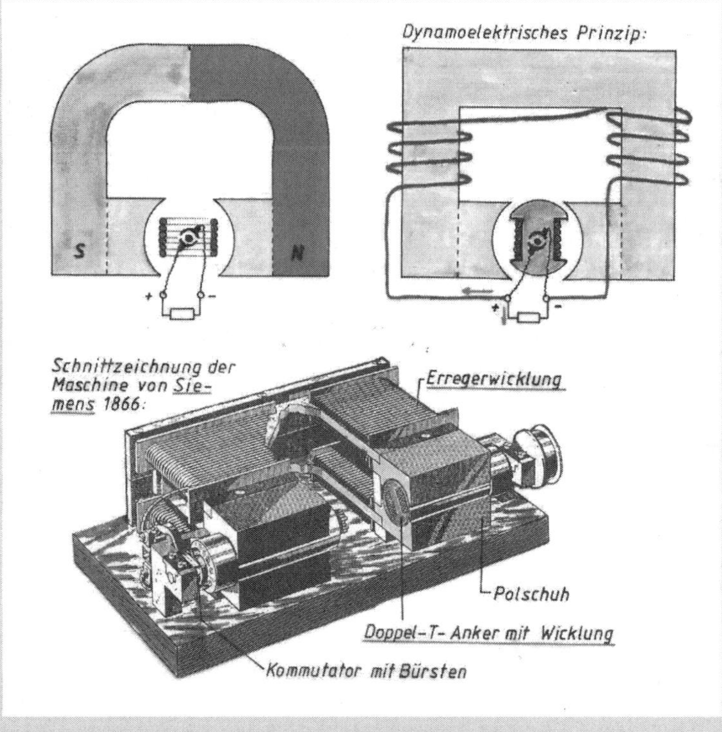

Im Bild oben links: *Einfacher Generator (Prinzip)*
Rechts daneben: *Dynamoelektrisches Prinzip*
Unten im Bild: *Erster Dynamo von Werner von Siemens (Schnittzeichnung)*

Beim ersten Generator von Antoine Hippolyte Pixii (1808-1835) von 1832 drehte sich der Dauermagnet.

Die Leistung dieses einfachen Generators wird gering sein, weil einerseits das Magnetfeld eines Dauermagneten im Vergleich zu dem eines Elektromagneten viel schwächer ist und zudem der Abstand (Luftspalt) zwischen den Polschuhen sehr groß ist, was das Magnetfeld weiter schwächt. (Eisen leitet die magnetischen Kraftlinien rund tausendmal besser als Luft.)

Um den Luftspalt zwischen den Magnetpolen zu verringern, hatte Werner Siemens schon 1856 für den Motor eines Zeigertelegrafen den Doppel-T-Anker konstruiert. 1866 ersetzte er den Dauermagneten durch einen Elektromagneten, dessen Wicklung (Erregerwicklung) durch einen Teil des vom Generator erzeugten Stromes gespeist wird. Dabei ist der Generator beim Start auf den im Eisenkern der Spulen stets vorhandenen Restmagnetismus angewiesen, durch dessen Feld zunächst eine niedrige Spannung erzeugt wird, deren Strom jedoch den Magnetismus gegenüber dem Wert des Restmagnetismus verstärkt, was wiederum die induzierte Spannung erhöht. Dieser Vorgang schaukelt sich auf, bis der Eisenkern der Erregerwicklung magnetisch gesättigt ist

Kap. 16 Die Elektrizität kommt in den Alltag

Von Mai bis Oktober 1882 fand in Nürnberg unter dem Protektorat von König Ludwig II. die erste „Bayerische Landes-Gewerbe-Industrie- und Kunstausstellung" statt. 2.500 Aussteller waren dabei, zwei Millionen Besucher kamen. Dabei hatte Nürnberg mit München erbittert um die Veranstaltung ringen müssen, denn die Landeshauptstadt beanspruchte das Ereignis für sich, obwohl die ehemalige Reichsstadt längst zur Industriemetropole des Königreiches aufgestiegen war. 1835 fuhr hier die erste deutsche Eisenbahn, 1847 war das erste bayerische Gaswerk in Betrieb gegangen und 1869 das Bayerische Gewerbemuseum zur Förderung der heimischen Wirtschaft gegründet worden. Inzwischen prägten zahlreiche Fabriken das Stadtbild, allen voran die besonders durch den Eisenbahnbau groß gewordene Metallindustrie. Die Einwohnerzahl war von 50.000 im Jahre 1849 auf 130.000 gestiegen und wuchs rapide weiter. Und seit einiger Zeit blühte auch die Elektroindustrie auf, mit dem Unternehmer Sigmund Schuckert an der Spitze, der 1882 schon 150 Mitarbeiter beschäftigte.

Bei der Ausstellung stand die Elektrizität rein quantitativ gegenüber den Wagen- und Maschinenhallen, der Landwirtschaft oder

Der bayerische Kronprinz besucht die Landes-Gewerbe-Industrie- und Kunstausstellung 1882.

dem Kunstgewerbe keineswegs im Mittelpunkt. Aber durch die von Schuckert aufwändig installierte Beleuchtung des gesamten Außenbereichs mit 24 Bogenlampen und einer farbig angestrahlten Fontäne, durch die neuen Edison-Glühlampen an Schuckerts Stand und die Übertragung der elektrischen Energie von einem seiner Generatoren zum 400 m entfernten Pavillon der Tümmelschen Druckerei, die dort auf einer Rotationspresse eine Ausstellungszeitung druckte, wurde kräftig dafür geworben. Und obendrein sollte während der Ausstellung als zusätzliche Attraktion im Stadtzentrum die erste auf Dauer eingerichtete elektrische Straßenbeleuchtung Deutschlands eröffnet werden. Drei Bogenlampen würden 36 Gaslaternen auf dem Josephsplatz und in der Kaiserstraße ersetzen. Der dem Magistrat im März 1882 vorgelegte Plan war vom städtischen Ingenieur Alfred Wagner gemeinsam mit Sigmund Schuckert ausgearbeitet worden. Schuckert kannte

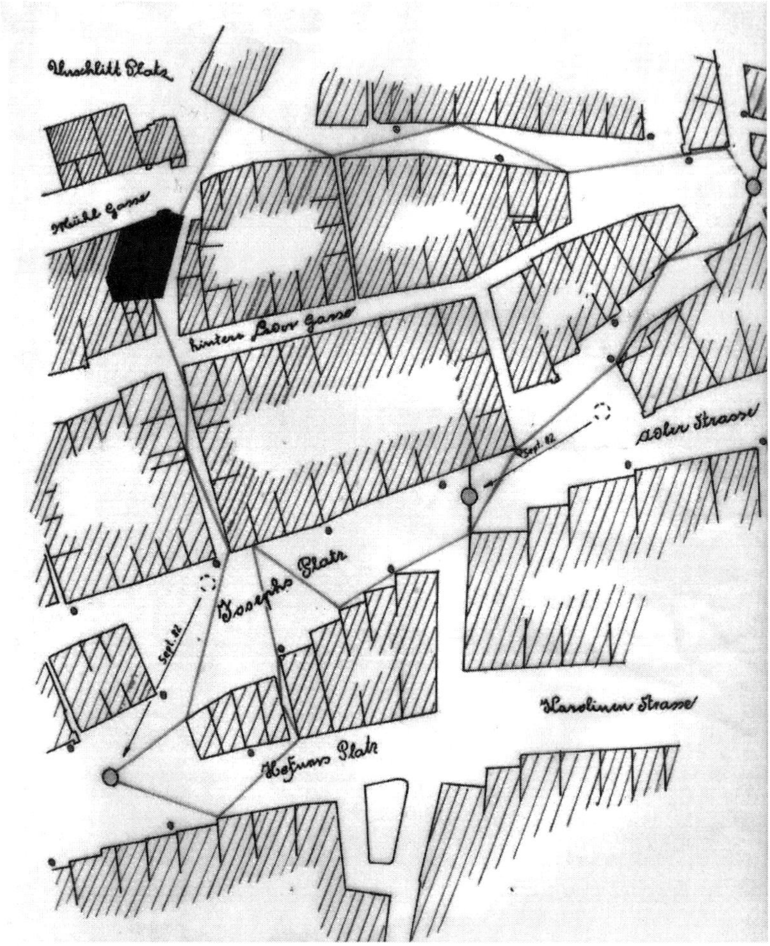

Planzeichnung Schuckerts zur ersten Straßenbeleuchtung in Nürnberg

die örtliche Situation um den Josephsplatz einschließlich der jetzt von ihm als „Elektrizitätswerk" vorgesehenen Almosenmühle sehr gut. Ihr Mahlbetrieb war vor neun Jahren, als er seine erste Werkstatt in der nur einen Steinwurf entfernten Kaiserstraße eröffnete, eingestellt worden. Das Wasserrad hatte 600 Jahre lang der im Mittelalter künstlich angelegte, offen durch die Stadt fließende Fischbach angetrieben, der die oberhalb der Pegnitz gelegene wasserarme „Lorenzer Altstadt" mit Brauchwasser und Energie versorgte. Doch nach dem Bau eines Wasserwerkes im Jahre 1865 benötigte man die Dienste des kleinen Fließgewässers nicht mehr. Es wurde verrohrt und sein Wasser diente seitdem hauptsächlich

Die Bogenlampe in der Kaiserstraße

zur Spülung der neuen Abwasserkanalisation. Die verbliebene Wasserkraft reichte für den Mahlbetrieb in der Almosenmühle nicht mehr aus, doch zum Antrieb einer Turbine mit einem Dynamo, der den Strom für drei von Schuckerts wenige Wochen zuvor in Paris prämierten Differentialbogenlampen liefern konnte, sollten die paar Pferdestärken Restenergie genügen. Die Nürnberger Firma Friedrich Haag lieferte eine Turbine, der Dynamo und die

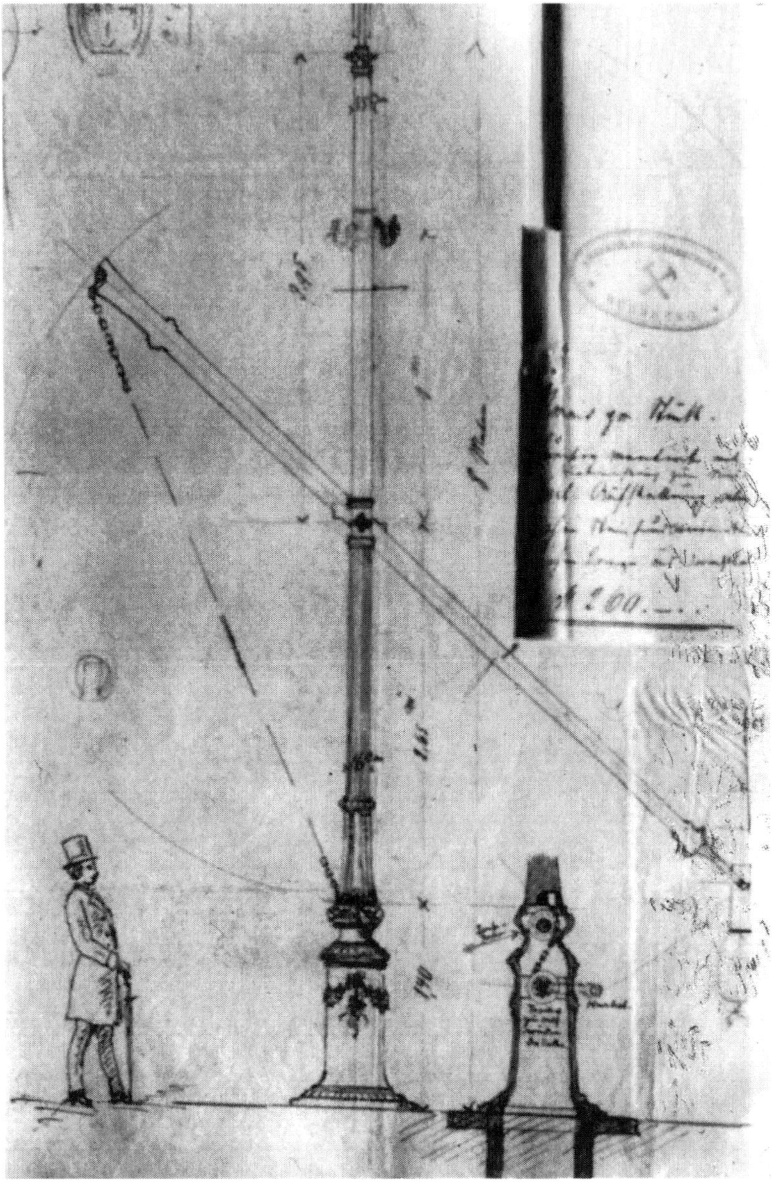

Planskizze für die beiden Kandelaber am Josephsplatz

drei Lampen mit Alabasterkugeln und verzierten Messingkronen kamen aus Schuckerts eigener Fabrikation. Eine Bogenlampe hing an einem Drahtseil quer über der Kaiserstraße, die beiden anderen sollten am Josephsplatz an künstlerisch gestalteten, gusseisernen Kandelabern aufgehängt werden, die bei der Gießerei Anspach, Förderreuther & Co. bestellt worden waren. Doch die Firma konnte nicht rechtzeitig liefern. Die Stadtoberen und Sigmund Schuckert mochten sich darüber noch so geärgert haben, aber das in Fachkreisen schon lange angekündigte Ereignis konnte nicht verschoben werden. So hingen die schönen Lampen bei der Eröffnung am 7. Juni 1882 an zwei schäbigen Holzmasten. Eine überregionale Zeitung stellte am nächsten Tag zwar fest, die Lampen hätten *von 8 Uhr 23 Minuten bis 11 Uhr 56 Minuten ohne die geringste Störung gebrannt.*[1] Aber der Fränkische Kurier klagte *über die wahrhaft jammervollen, ungehobelten, ungestrichenen, provisorischen Holzkandelaber* und meinte: *Es ist eine Abänderung umso mehr geboten, als das kritische Auge der hier verkehrenden Fremden ganz erstaunt die mitten in der Stadt stehenden Holzblöcke beobachtet.*[2]

Trotz der Panne hatte Nürnberg mit dieser Anlage in Deutschland sowohl bei der Einrichtung der elektrischen Straßenbeleuchtung wie auch beim Bau eines – wenn mit wenigen Kilowatt Leistung auch sehr bescheidenen – Wasserkraftwerkes historisch die Nase ganz vorne. Vorausgegangene Aktionen der Berliner Firmen Siemens & Halske und AEG, wie eine Beleuchtung des Potsdamer Platzes, hatten nur Versuchszwecken gedient ,vergleichbar mit Schuckerts Beleuchtung des Hauptmarktes zwei Jahre zuvor. Selbst Edisons weltweit berühmt gewordenes Kraftwerk zur Beleuchtung der Pearl Street in New York nahm erst am 4. September 1882 den Betrieb auf.

Gewerbemuseum in Nürnberg

Eine Begleiterscheinung der großen Ausstellung auf dem Maxfeld dürfte es auch gewesen sein, dass das Bayerische Gewerbemuseum noch 1882 seine Schaufenster in der Königstraße von Schuckert mit Glühlampen beleuchten ließ. Als erste Privatleute folgten diesem Beispiel 1884 der Stahlwarenfabrikant Georg Leykauf und der Bankier Heinrich Brunner. Für Leykauf stattete Schuckert das gesamte Ladengeschäft in der Königstraße samt Lagerräumen und Schaufenster mit Glühlampen aus. Der Generator wurde von einem der 1876

Elektrisches Licht der Firma Leykauf

erfundenen Ottomotoren gespeist, an dessen allgemeiner Einführung Leykauf geschäftlich interessiert war.[3] Brunner ließ nicht nur sein Bankgeschäft am Hallplatz elektrisch beleuchten, sondern stattete auch gleich seine im gleichen Haus gelegene Wohnung als erste in Nürnberg mit Edisonlampen aus.

Zur gleichen Zeit entstanden in große Städten wie Berlin die ersten öffentlichen „Blockstationen" nach dem New Yorker Vorbild von Edison, d. h. Elektrizitätswerke, die für eine allgemeine

Italienische Nacht in der Restauration am Dutzendteich in Nürnberg

Nutzung offen waren. In Berlin gab es vier davon. Sie konnten allerdings nur einen Häuserblock von einigen hundert Metern versorgen, weil bei dem erzeugten Gleichstrom sonst die Verluste zu groß geworden wären. Doch mit ihnen eroberte sich das elektrische Licht jetzt vor allem dort Raum, wo die bessere Gesellschaft verkehrte. Neben der Oper und dem Theater waren dies vor allem führende Hotels sowie exklusive Geschäfte und Lokale, wie in Berlin das „Café Bauer“, dessen Räume ab September 1884 in elekt-

Stadtparkrestaurant in Nürnberg

rischem Licht erstrahlten. Aber Nürnberg braucht sich hier nicht zu verstecken. Schon 1885 besaß die Stadtparkrestauration14 Bogenlampen und 60 Glühlampen.[4] Bald folgte die neu eröffnete Gaststätte „Krokodil" in der Weintraubengasse. Beide Lokalitäten brauchten natürlich eigene Generatoren ebenso wie die anderen 14 nichtöffentlichen Nürnberger Beleuchtungsanlage, die es 1866 neben der vom Fischbach angetriebenen Anlage der Almosenmühle gab. Die größte davon besaß die Maschinen-Aktiengesellschaft, wie die spätere MAN damals hieß. Eine Besonderheit war die Restauration am Dutzendteich-Park. Sie lieferte nicht nur den Strom für die eigene Beleuchtung, sondern auch für die Bogenlampen der benachbarten Maschinenfabrik Lothar Späth.

Durch die öffentlichen Blockstationen kam jetzt auch immer mehr elektrisches Licht in die Wohnungen. Es waren allerdings nur die Häuser sehr wohlhabender, auf Repräsentation bedachter Leute, denn die Elektrizität war sehr teuer. Ein Berliner Blockkraftwerk berechnete 1885 für die Einrichtung eines Anschlusses 250 Mark, dazu eine jährliche Miete für den Zähler und die Glühlampen sowie 80 Pfennige pro Kilowattstunde entnommener Energie. Ein Arbeiter verdiente damals zwischen 22 und 27 Pfennigen pro Stunde.

Selbstverständlich dachte man auch im Nürnberger Rathaus über eine Ausweitung der öffentlichen Stromversorgung nach. So gab es Überlegungen, in der nicht weit von der Altstadt entfernten Tullnau ein Blockkraftwerk mit einer Dampfmaschine mit 50 Pferdestärken und drei Dynamos einzurichten. Es folgte der Plan, ein Blockkraftwerk an der oberen Bergauerstraße im früheren Stadtgraben zu bauen, von dem aus vor allem das Theater am Lorenzer Platz mit Elektrizität versorgt werden sollte.

Als 1890 ein neuer Vorschlag der Firma Schuckert zur Beratung auf dem Tisch lag, traf dies mitten in die weltweit geführte Auseinandersetzung, ob man elektrische Netze statt mit Gleichstrom nicht besser mit Wechselstrom betreiben solle. In Amerika führte das sogar zum „war of currents" (Stromkrieg), einem erbitterten Wirtschaftskampf zwischen dem auf Gleichstrom fixierten Konzern von Thomas Alva Edison und der Firma von George Westinghouse (1846-1914), der den Wechselstrom durchsetzen wollte. Edison stellte dabei den Wechselstrom als äußerst gefährlich dar. Mit seiner Autorität gelang ihm dabei sogar, in der Politik den von ihm ausgedachten, mit Wechselstrom betriebenen elektrischen Stuhl als Alternative zur Todesstrafe durch Erhängen durchzusetzen. Mit der Forderung, für die neue Hinrichtungsart den Begriff „Westinghousing" zu verankern, ist er allerdings gescheitert. – Rein sachlich gesehen wäre in Deutschland bei den damaligen

Gegebenheiten der Gleichstrom kundenfreundlicher gewesen, denn man konnte damit die bereits entwickelten Gleichstrommotoren gut regeln und die vielen Akkumulatoren aufladen, die u.a. in Theatern in Gebrauch waren, weil sie einen störungsfreien Abendbetrieb garantierten. In Nürnberg kam dazu, dass die private Nürnberg-Fürther Straßenbahngesellschaft vom Pferdebahnbetrieb auf die Elektrizität umstellen wollte und dabei auf Gleichstrom angewiesen war. Wechselstrom wiederum bot den Vorteil, dass man ihn mit den inzwischen entwickelten Transformatoren auf verschiedene Spannungen transformieren und so im Gegensatz zu den Blockkraftwerken auf breite Gebiete verteilen konnte.

Der Nürnberger Magistrat entschied sich in dieser Situation für ein privatwirtschaftlich betriebenes Wechselstromnetz, für dessen Bau und Betrieb die Firmen Schuckert und Siemens & Halske in die engere Wahl gezogen wurden. Doch die Vergabe verzögerte sich aus zwei Gründen: Zum einen kam von anderen Kommunen die Information, dass der Betrieb in eigener Regie kostengünstiger sei als die Vergabe an einen Privatbetreiber. Zum anderen hatte der österreichische Chemiker Carl Auer von Welsbach (1858-1929) entdeckt, dass die Salze seltener Erden bei starker Erhitzung, z.B. mit einer Gasflamme, helles Licht geben. Daraus entwickelte er den Gasglühstrumpf, wodurch plötzlich die Gastechnik dem elektrischen Licht den Rang wieder streitig zu machen schien. Aus den Gaslaternen mit ihren eher bläulichen Gasflämmchen konnte jetzt helles weißes Licht erstrahlen, das noch dazu viel billiger war

Städtisches Elektrizitätswerk in der Tullnau

Die Generatoren im städtischen Elektrizitätswerk

als das elektrische Licht und sich auch für Wohnzimmer eignete. Sollte die Stadt als Eigentümer des Gaswerks jetzt nicht besser das Gasverteilungsnetz als die Elektrizität ausbauen? Nürnberg entschied sich für beides, denn für die Elektrizität sprach auch die wirtschafts- und gesellschaftspolitische Notwendigkeit, die vielen mittleren und kleineren Betriebe durch die Verbreitung von Elektromotoren zu stärken gegenüber einer wachsenden Konzentration der Produktion von Wirtschaftsgütern bei den Großunternehmen mit ihren Dampfmaschinen und Kraftzentralen.

Durch diese Verzögerung war die Stadt Nürnberg in einen besonderen Zugzwang geraten, denn 1896 sollte hier die nächste Bayerische Landes-Gewerbe-, Industrie- und Kunstausstellung stattfinden. In einer Stadt mit dem Anspruch, eine Industriemetropole zu sein und dabei nicht einmal eine *öffentliche Elektrizitätsversorgung* zu besitzen, wäre das eine ziemliche Blamage gewesen. Man beauftragt deshalb Oscar von Miller, ein Gutachten darüber anzufertigen, welche Stadtteile ein Elektrizitätsnetz in Nürnberg umfassen müsse, damit es wirtschaftlich arbeiten kann. Millers Vorschlag umfasste im Wesentlichen die gesamte Altstadt, die Fürther Straße bis zur Sielstraße, die Bayreuther Straße bis Maxfeld, die Marien- und Blumenstraße, die Äußere Kramer-Klett-Stra-

Am Ende des 19. Jahrhunderts ist Nürnberg zur Stadt der Elektrizität geworden. (Plakat von Adolf Jöhnssen)

ße, die Sulzbacher Straße, die Bahnhofsstraße, die Gostenhofer Hauptstraße, die Johannisstraße und Nebenstraßen, davon sowie die Tafelfeldstraße und noch unbebaute Straßen südlich davon, weil sich dort das Gewerbe am schnellsten entwickelte.[5] In diesem Sinne erfolgten dann auch unter Millers Leitung die Planungen mit einem zentralen Elektrizitätswerk in der Tullnau, wo ein stadteigenes Grundstück mit Eisenbahnanschluss zur Anlieferung der Kohlen vorhanden war. In den Straßen der Stadt wurden fast 100 km Starkstromleitung verlegt und 213 Trafostationen eingerichtet, wovon 110 in eisernen Plakatsäulen untergebracht waren. Die Dampfmaschinen lieferte die MAN, die Wechselstrom-Generatoren kamen von der Firma Schuckert. So konnte das Netz im April 1896 rechtzeitig vor Beginn der großen Ausstellung in Betrieb genommen werden. Angeschlossen war die gesamte elektrische Straßenbeleuchtung mit 133 Bogenlampen. Dazu kamen von privater Seite 306 Ladengeschäfte, 79 Gasthöfe und Wirtschaften, 76 Banken und Geschäftshäuser, das Theater, einige Gesellschafts- und Vergnügungslokale, 111 Fabriken, Werkstätten und Lagerräume sowie 419 Wohnungen und 100 sonstige Abnehmer.

Die Straßenbahngesellschaft hatte 1895 durch die AEG ein eigenes Gleichstromkraftwerk in der Fürther Straße errichten und die erste Strecke Fürth – Plärrer – Hauptbahnhof – Maxfeld elektrifizieren lassen. Am 3. Mai 1896 wurde der fahrplanmäßige Betrieb aufgenommen, und während der großen Ausstellung erreichte alle 5 Minuten einer der 20 eingesetzten Triebwagen mit seinem von der Pferdebahn übernommenen Beiwagen die Endstation am Maxfeld. Die Fahrpreise waren gegenüber dem Pferdewagenbetrieb nicht erhöht worden.[6]

Die nächsten Elektrizitätswerke im Nürnberger Großraum Raum entstanden1899 in Lauf und 1902 in Fürth und in Erlangen. Fürth entschied sich dabei für die Gleichstromtechnik, weil es vor allem das neu erbaute Stadttheater mit leicht regelbarem Strom versorgen wollte.

1 Korrespondent von und für Deutschland vom 3.6.1882.
2 Fränkischer Kurier, 49. Jahrgang, Nr. 288 vom 8.6.1882.
3 Stadtarchiv Nürnberg C 7/VIII Nr. 6503, S. 171.
4 Stadtarchiv Nürnberg C 7/VIII Nr. 6503, S. 171.
5 Stadtarchiv Nürnberg C 7/VIII Nr. 7111.
6 Robert Binder, 100 Jahre Nürnberg-Fürther Straßenbahn, in: Der Stadtverkehr, Heft 8 / 1981, Freiburg 1981, S. 340.

Kap. 17 An der Schwelle zum 20. Jahrhundert

Zur Jahrhundertwende 1900 war Nürnberg mit 260.000 Einwohnern zur neuntgrößten Stadt im Deutschen Reich geworden. Der Telegrammverkehr belief sich auf rund zwei Millionen Sendungen pro Jahr. Auch die *Zahl der Telefonanschlüsse war bereits auf über 3.000 gestiegen*[1]*, obwohl die Reichweite der Gespräche noch* sehr begrenzt war, da die Elektronenröhre erst 1906 erfunden wurde. Doch bis Innsbruck und Salzburg reichte es auch ohne Verstärkung. Da alle Teilnehmer oberirdisch mit den Vermittlungsstellen verbunden waren, prägten zunehmend Telefonmasten und Dachständer das Stadtbild. In den Vermittlungsstellen begann um 1900 das „Fräulein vom Amt" die Männer zu verdrängen, nicht als ein Akt von Emanzipation, sondern weil Frauenstimmen wegen der höheren Stimmlage besser als die der Männer zu verstehen waren. Die Bewerberinnen mussten aus gutem Hause und unverheiratet sein. Bei einer späteren Eheschließung brauchten sie die Genehmigung der Post, was eher die Ausnahme war.[2] Wegen der räumlichen Enge in den bisherigen Gebäuden entstand zwischen 1903 und 1905 in der Nürnberger Karolinenstraße ein repräsentatives, zentrales Gebäude, in dem alle Fernmeldedienste einschließlich der Technik konzentriert waren.

An das öffentliche Starkstromnetz waren 1901 in Nürnberg 500 Motoren angeschlossen, davon etwa die Hälfte in Handwerksbetrieben.[3] Bei der Straßenbeleuchtung gab es 1905 schon 350 elektrische Lampen, daneben aber 4.400 Gaslaternen und sogar noch 350 Petroleumlampen in Außenbezirken wie Lichtenhof, Schweinau und Eberhardshof.[4] Während die Öllampen bald verschwanden, sollte die Zahl der Gaslaternen bis zum Ende der 1930er Jahre noch auf 6.700 anwachsen gegenüber 6.000 elektrischen Straßenleuchten. Das kurz nach der Jahrhundertwende erbaute Opernhaus, das neue Krankenhaus und der Schlachthof bekamen von vorneherein elektrisches Licht, das Rathaus wurde 1902 nachgerüstet. Andere öffentliche Gebäude, wie etwa zahlreiche Schulbauten, erhielten vor dem ersten Weltkrieg noch die viel preisgünstigere Gasbeleuchtung.

Auch wenn an das städtische Stromnetz 1902 schon 70.000 Glühlampen angeschlossen waren, so hatte sich im privaten Wohnbereich der Nürnberger das elektrische Zeitalter kaum noch niedergeschlagen. Die allermeisten Häuser hatten gar keinen Stromanschluss, meist auch keinen Gasanschluss, sondern nur das Petroleumlicht. Selbst die um 1900 vom Bauverein Schuckert in Steinbühl errichteten Häuser bekamen nur Gas; auf den elektrischen Strom mussten sie bis 1921 warten.[5] Dabei war Nürnberg im Vergleich zu anderen Städten keineswegs unterentwickelt. 1925 hatten in Berlin, das neben New York und Paris zu den Glitzermetropolen der Welt zählte, nur 25 % der Haushalte Stromanschlüsse; im Arbeiterbezirk Wedding waren es gerade mal 10,7%.[6]

Auch das Radiohören, das in Nürnberg und Fürth mit der Inbetriebnahme des Nürnberger Senders als Außenstelle der „Deutschen Stunde in Bayern" ab 1923 möglich war, konnten sich neben einigen Radiobastlern die wenigsten leisten. Die Empfangsgeräte waren teuer und benötigten für die Elektronenröhren kostspielige Anoden- und Heizungsbatterien. Kein Wunder, dass bei der erstmaligen Übertragung der Endspiele um die Deutsche Fußballmeisterschaft, an denen 1926 die Spielvereinigung Fürth und 1927 der 1. FC Nürnberg beteiligt waren, Tausende in den Fürther Geismannsaal, ins Nürnberger Herkulesvelodrom und in große Wirtshaussäle strömten, weil die cleveren Wirte dort Lautsprecher aufgestellt hatten. Dieses „Public Listening" kann man durchaus als den Vorläufer des heutigen „Public Viewing" sehen.

Der elektrische Strom wurde erst durch den Verbund der großen Überlandwerke billiger, an dessen Beginn die Errichtung des Großkraftwerkes Franken in Gebersdorf gestanden hat. Letzten Endes sollten in Nürnberg am Ende der 1940er Jahre alle Wohnbezirke ans öffentliche Stromnetz angeschlossen sein. Elektrische Waschmaschinen, Kühlschränke und andere Elektrogeräte zogen erst mit dem allgemein wachsenden Wohlstand in der Wirtschaftswunderzeit in die Haushalte ein, zum großen Teil von der AEG in der Muggenhofer Straße hergestellt, die als Ableger des Berliner Großkonzerns dort 1925 mit der Produktion von Bügeleisen und Wasserkochern begonnen hatte. Damals war in Nürnberg mit den Lumophon-Werken in der Schlossstraße auch die erste deutsche, auf die Herstellung von Rundfunkempfängern spezialisierte Fabrik entstanden, die später von der Firma Grundig übernommen worden ist.

Mit der Erfindung des Transistors im Jahre 1949 begann das elektrische Zeitalter allmählich in die Phase der elektronischen Informationstechnologien überzugehen, die inzwischen mit immer größer werdender Dynamik und globaler Breitenwirkung alle Bereiche der Gesellschaft durchdrangen. Doch so leistungsfähig die Starkstromtechnik, so bunt die Unterhaltungselektronik und so komplex die Datenverarbeitung, das Internet oder das Satellitenfernsehen inzwischen auch geworden sind, so haben doch Leute wie Doppelmayr, Ohm, Heller und Schuckert dafür gesorgt, dass Nürnberg in der Geschichte der Elektrizität für immer einen hervorragenden Platz einnehmen wird.

Die Verwaltungszentrale der Nürnberger Versicherung 2016

[1] Kurt Wiesemeyer: Die Post als Verkehrsträger, in: Verein für die Geschichte der Stadt Nürnberg (Hrsg.), Nürnberger Forschungen, 17. Band, Nürnberg 1972, S. 298 f.
[2] Helmut Thiel: 100 Jahre Telefon in Nürnberg-Fürth, in: Fränkische Postgeschichtsblätter, Nr. 37 August 1985, Nürnberg 1985, S. 40 f.
[3] Verwaltungsbericht der Stadt Nürnberg 1902, Nürnberg 1902, S.166/167.
[4] Rudolf Terhaerst: Denkschrift aus Anlaß der Eröffnung des neuen Gaswerks in Nürnberg, Nürnberg 1906, Tabellen.
[5] Amt für Kultur und Freizeitgestaltung (Hrsg.): Kennen Sie Steinbühl, Heft 1, Nürnberg 1984, S. 32.
[6] Heimatmuseum Charlottenburg: Die Stadt unter Strom, Ausstellungskatalog, Berlin 1990.

Bildnachweis

Deutsches Museum München: Seiten 10, 21, 29, 31, 38, 42, 46, 47, 49, 50, 54, 77, 79, 81, 100, 109, 115, 126
Städtische Museen der Stadt Nürnberg: Seiten 17, 67, 122, 139
Stadtarchiv Nürnberg: Seiten 65, 103, 117, 119, 137, 141, 143, 145
Stadtbibliothek Nürnberg: Seiten 68, 69, 70
Siemens-Forum München: Seiten 124, 125, 128, 129, 131, 132, 133
Universität Göttingen: Seite 37
Pergamon-Museum Berlin: Seite 52
Universität Halle-Wittenberg: Seite 90
Universität Erlangen Nürnberg: Seite 92
Bayerische Staatsbibliothek München: Seite 111
Philips: Seiten 118, 135
Museum für Telekommunikation Nürnberg: Seite 121
Herbert Liedel: S. 151
Privat